职业教育工业机器人技术应用专业系列教材

传感器与检测技术

主　编　牛彩雯　何成平
副主编　成咏华
参　编　高罗卿　邢婷婷　王　鹤　秦　梅

机械工业出版社

本书按照高职院校高素质技术技能人才培养目标的要求,在编写中加强学生动手能力和实操技能的训练,具有很强的实践性和技能性,注重学生职业能力和素质的培养。本书从传感器的测量对象出发,介绍了各种工业用传感器:压力传感器,温度传感器,位移传感器,测速传感器,液位、流量传感器,图像传感器等,并对每一种传感器在工业机器人方面的应用做了详细讲解。本书内容实现基础与专业的相互转换,充分开发、利用资源,并将其融于教学中,培养学生应用传感器与测试技术的意识。

本书可作为高职高专工业机器人应用技术及自动化类专业教材,也可供从事自动化类技术工作的工程技术人员参考。

为方便教学,本书配有电子课件等配套资源,凡是选用本书作为教材的教师可登录 www.cmpedu.com 注册、下载。

图书在版编目(CIP)数据

传感器与检测技术/牛彩雯,何成平主编. —北京:机械工业出版社,2016.8(2022.8重印)

职业教育工业机器人技术应用专业系列教材

ISBN 978-7-111-54103-5

Ⅰ.①传… Ⅱ.①牛… ②何… Ⅲ.①传感器-检测-高等职业教育-教材 Ⅳ.①TP212

中国版本图书馆 CIP 数据核字(2016)第 143381 号

机械工业出版社(北京市百万庄大街22号　邮政编码100037)
策划编辑:张晓媛　责任编辑:赵红梅　责任校对:张　薇
封面设计:张　静　责任印制:单爱军
河北宝昌佳彩印刷有限公司印刷
2022年8月第1版第10次印刷
184mm×260mm・10.25 印张・245 千字
标准书号:ISBN 978-7-111-54103-5
定价:29.80 元

电话服务　　　　　　　　　网络服务
客服电话:010-88361066　　机 工 官 网:www.cmpbook.com
　　　　　010-88379833　　机 工 官 博:weibo.com/cmp1952
　　　　　010-68326294　　金 书 网:www.golden-book.com
封底无防伪标均为盗版　　　机工教育服务网:www.cmpedu.com

前 言

现代各领域新知识、新技术、新工艺、新方法的不断更新,特别是现代机器人应用领域的快速发展,促进了传感器技术的全面提升;而且,现代职业教育重点培养的是具有"企业技术创新需要的发展型、复合型和创新性技术技能人才",因此编写了适应现代职业教育的"传感器与测试技术"课程实用型教材。本书特点如下:

1. 打破现有工业机器人传感器分为外部和内部两大类进行抽象说明的方式,从传感器的测量对象出发,介绍了各种工业用传感器,并对每一种传感器在工业机器人方面的应用做了详细讲解,这样在保证传感器种类完整的同时,可使读者更加形象地理解各种传感器的原理、结构以及应用,尤其是在工业机器人领域的应用。

2. 吸取优秀教材精华部分,按照职业院校高素质技术技能人才培养目标的要求,紧密围绕本课程教学特点,适当增加必要的实践教学环节,让学生在掌握基础理论的同时提高技术技能。

3. 注重加强动手能力和实操技能的训练,具有很强的实践性和技能性,注重职业能力和素质的培养。

4. 本书内容实现了基础与专业的相互转换,充分开发、利用资源,并将其融于教学中,培养学生应用传感器与测试技术的意识。

本书由具有丰富教学与实践经验的教师共同编写完成。具体编写分工如下:第1、2、3、5章由唐山工业职业技术学院的邢婷婷、王鹤、牛彩雯、成咏华负责编写;第4、6章由常州轻工职业技术学院的高罗卿负责编写,第7章由何成平负责编写;第8章由华北机电学校的秦梅负责编写。全书由唐山工业职业技术学院的牛彩雯统稿。

由于编者水平有限,书中难免有错漏之处,恳请读者批评指正。

编 者

目 录

前言
第1章 传感器与测量基本知识 ……… 1
1.1 传感器的基本知识 ……………… 1
1.2 测量的基本知识 ………………… 14
本章小结 ………………………………… 23
思考题 …………………………………… 24

第2章 压力传感器 …………………… 25
2.1 电阻应变式传感器 ……………… 25
2.2 压电式传感器 …………………… 35
2.3 电感式传感器 …………………… 41
2.4 其他压力传感器 ………………… 48
2.5 实训课题 简易压力传感器的制作 …………………………… 50
本章小结 ………………………………… 51
思考题 …………………………………… 52

第3章 温度传感器 …………………… 53
3.1 热电偶传感器 …………………… 53
3.2 热电阻传感器 …………………… 62
3.3 热敏电阻传感器 ………………… 66
3.4 实训课题 双限超温报警器的安装与调试 ……………………… 69
本章小结 ………………………………… 71
思考题 …………………………………… 71

第4章 位移传感器 …………………… 72
4.1 光栅传感器 ……………………… 72
4.2 磁栅传感器 ……………………… 79
4.3 感应同步器 ……………………… 83
4.4 实训课题 线性霍尔传感器位移测量 …………………………… 86
本章小结 ………………………………… 87
思考题 …………………………………… 87

第5章 测速传感器 …………………… 89
5.1 霍尔传感器 ……………………… 89
5.2 光电传感器 ……………………… 92
5.3 数字编码器 ……………………… 97
5.4 磁电感应式转速传感器 ………… 102
5.5 实训课题 直流电动机转速的测量 ……………………………… 104
本章小结 ………………………………… 105
思考题 …………………………………… 105

第6章 液位、流量传感器 …………… 107
6.1 电容式传感器 …………………… 107
6.2 光纤传感器 ……………………… 114
6.3 差压式流量计 …………………… 119
6.4 超声波传感器 …………………… 121
本章小结 ………………………………… 126
思考题 …………………………………… 126

第7章 图像传感器 …………………… 128
7.1 CCD 图像传感器 ………………… 129
7.2 CMOS 图像传感器 ……………… 132
7.3 图像传感器的应用 ……………… 136
7.4 实训课题 机器人智能视觉 …… 142
本章小结 ………………………………… 146
思考题 …………………………………… 146

第8章 抗干扰技术 …………………… 147
8.1 干扰的产生及分类 ……………… 147
8.2 干扰的抑制措施 ………………… 149
8.3 机器人系统的抗干扰技术 ……… 153
本章小结 ………………………………… 156
思考题 …………………………………… 156

参考文献 ……………………………………… 157

第1章 传感器与测量基本知识

传感器与检测技术

传感器是"一切信息的触觉"。它不仅能在某种程度上代替人的感觉,而且能突破人的生理界限,感受人难以感知的外界信息,现已经广泛地应用于工业、农业、环境保护、医学及人们的日常生活等领域。传感器在工业机器人构成中占据重要地位,是决定工业机器人的关键。工业机器人传感器与大量使用的工业检测传感器不同,对传感信息的种类和智能化处理的要求更高。

1.1 传感器的基本知识

广义而言,传感器是将被测的某一物理量(或信号),按照一定的规律转换为与之对应的另一种(或同种)物理量(或信号)的输出装置。目前,对传感器的普遍认识是:将被测的非电物理量转换成与之对应的、易于精确处理的电量或电参数输出的一种测量装置。

电量——一般是指物理学中的电学量,例如电压、电流、电阻、电容、电感、电荷、频率及阻抗等。

非电量——则是指除电量之外的一些参数,例如力、压力、重量、流量、尺寸、位移量、速度、加速度、转速、温度、浓度及酸碱度等。人类为了认识物质及事物的本质,需要对物质特性进行测量,其中大多数是对非电量的测量。

1.1.1 传感器的定义、组成及分类

1. 传感器的定义

根据中华人民共和国国家标准(GB/T 7665—2005),传感器(Transducer/Sensor)定义是能感受规定的被测量并按照一定的规律转化成可用输出信号的器件或装置。

这一定义包含了几个方面的含义:

1)传感器是测量装置,能完成测量任务;

2)它的输入量是某一被测量,可能是物理量、也可能是化学量、生物量等;

3)它的输出量是某一物理量,这种量要便于传输、转换、处理和显示等,这就是所谓的"可用信号"的含义;

4)输出与输入有一定的对应关系,这种关系要有一定的规律。根据字义可以理解传感器为一感二传,即感受信息并传递出去。

如果传感器进一步对输出信号进行处理,转换成标准统一信号(例如4~20mA或1~5V;0~10mA或0~5V等),此时传感器一般称为变送器。

2. 传感器的组成

传感器一般由敏感元件、转换元件、转换电路及辅助电源组成，如图 1-1 所示。

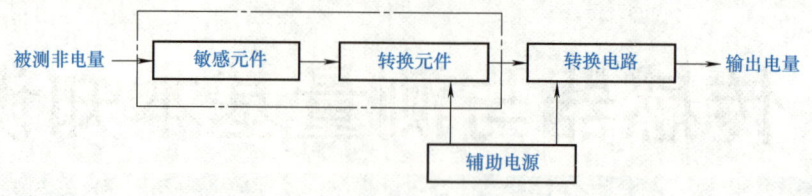

图 1-1　传感器组成框图

敏感元件：它是直接感受被测量，并输出与被测量构成有确定关系、更易于转换的某一物理量的元件。

转换元件：将敏感元件感受或响应的被测量转换成适于传输或测量的电信号。

转换电路：把转换元件输出的电信号变换为便于处理、显示、记录、控制和传输的可用电信号。传感器的输出信号一般都很微弱，需要信号调理转换电路对其进行放大、运算调制等。经常采用的有电桥电路和其他特殊电路，例如高阻抗输入电路、脉冲电路、振荡电路等。

辅助电源：提供能量转换，有的传感器需要外加电源才能工作，例如应变片组成的电桥、差动变压器等。有的传感器不需外加电源也能工作，如压电晶体等。

注意，并不是所有的传感器都具有敏感元件和转换元件。如果敏感元件直接输出的是电量，它就同时兼为转换元件；如果转换元件能直接感受被测量而输出与之成一定关系的电量，它就同时兼为敏感元件，例如压电晶体、热电偶、热敏感电阻及光电器件等。有些传感器由敏感元件和转换元件组成，没有转换电路，如压电式加速度传感器，其中质量块是敏感元件，压电片是转换元件。有些传感器转换元件不止一个，要经过若干次转换。

目前，由于空间的限制或技术等原因，转换电路一般不和敏感元件、转换元件装在一个壳体内，而是转入箱柜中。但不少传感器通过转换电路才能输出便于测量的电量，因此需要把转换电路作为传感器组成的一部分。

为了满足各种参数检测，用敏感元件、转换元件、转换电路之间不同的组合方法，达到检测各种参数的目的，组合框图如图 1-2 所示。

（1）参比补偿型

为了消除环境条件变化（如温度变化）的影响，传感器采用两个性能完全相同的敏感元件，如图 1-2a 所示。其中一个敏感元件感受被测量和环境条件量，另一个只感受环境条件量作为补偿用，以达到减小或消除环境干扰的影响，这种组合方式称为参比补偿型。如电阻应变式传感器的电桥电路，将其中两个（或两个以上）敏感元件同时接到电桥电路的相邻桥臂上，其中一个为工作片，另一个为补偿片，这样就能对温度等变化起到补偿或消除作用，有利于提高传感器的测量精度。

（2）差动结构型

为了提高传感器的灵敏度和减小非线性误差，并减小或消除环境因素的影响，传感器常常采用差动结构，即用两个性能完全相同的敏感元件同时感受相同的环境量和方向相反的被测量。如差动电容式、差动电感式传感器。如图 1-2b 所示。

（3）反馈型

反馈型传感器是一种闭环系统，其特点是传感器的敏感元件（或转换元件）同时兼顾

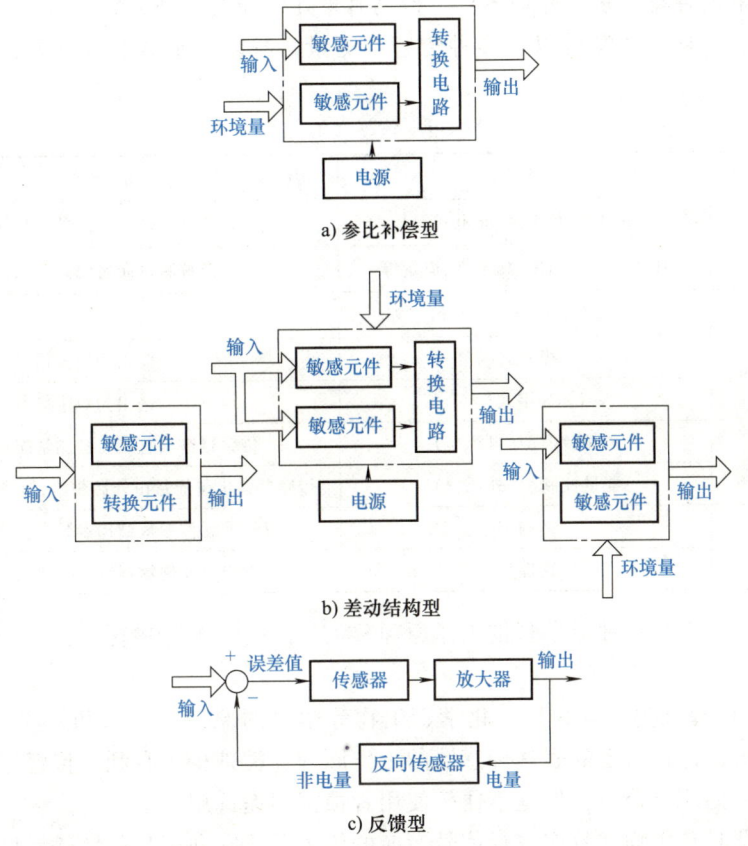

图 1-2 传感器的组合方法

做反馈元件,使传感器输入处于平衡状态。反馈型传感器结构复杂,应用于特殊场合,如高精度微差压的测量及高流速的测量等。如图 1-2c 所示。

综上所述传感器的各种组合方法,实现各种参数的测量。

工业机器人一般可划分为四部分,即机械部分、控制部分、感觉部分和识别部分。感觉部分即机器人用传感器摄取信息传送到识别部分,识别部分将识别后的信息馈送到控制部分,再由控制部分反馈到敏感部分,进行有关的操作。机器人通过传感器实现类似于人的知觉作用。工业机器人传感器定义为一种能将机器人目标特性(或参量)变换为电量输出的装置。其有以下几点特征:

1)敏感元件和信息处理要紧密结合,即从传感器来的各种形式的信号,如何提取出来作为机器人的重要信息。

2)传感器要直接用于控制,即传感器通常用于检测为满足某种控制目的所必须的信息,以决定机器人的行动。

3)感觉传感器既能有效地动作,又能检测出信息。尤其是对触觉和接近觉来说,传感器安装在机器人的手腕部分,一方面变换负担对象或环境,另一方面又能检测信息,因此提高了信息收集能力。

3. 传感器的分类

(1) 普通传感器的分类

传感器与检测技术

由于传感器的种类繁多,原理各异,检测对象几乎涉及各种参数,通常一种传感器可以检测多种参数,一种参数又可以用多种传感器测量,所以传感器的分类方式有很多,如表1-1 所示。

表 1-1 传感器的分类

分类法	形式	说明
按工作原理	电阻式、热电式、光电式等	以传感器转换信号的工作原理命名
按被测物理量	压力、位移、温度、加速度、流量等	以被测量命名(即按用途分类)
按应用范围	工业用、农业用、民用、科研用等	
按输出信号形式	模拟式	输出为模拟信号
	数字式	输出为数字信号
按能量关系	能量转换型(自源型)	传感器输出直接由被测量能量转换而得
	能量控制型(外源型)	传感器输出量能量由外源供给,但受被测量输入控制
按构成原理	结构型	以转换元件参数结构参数变化实现信号转换
	物性型	以转换元件物理特性变化实现信号转换

常用的分类方式有三种:一是按工作原理分类;二是按被测物理量分类;三是按应用范围分类。

1)按工作原理分类。以物理、化学、生物等学科的原理、规律和效应作为分类依据。这种分类方式可以比较清楚的表达传感器的工作原理,类别少,有利于传感器专业研究者对传感器进行深入的研究分析,但是不便于使用者根据用途选用。

物理传感器是利用物理效应进行信号变换的传感器,它利用某些敏感元件的物理性质或某些功能材料的特殊物理性能进行被测非电量的变换。例如,应变式传感器是利用金属材料在被测量作用下引起的电阻值变化的应变效应制成。化学传感器是利用电化学反应原理,把无机或有机化学的物质成分、浓度等转换为电信号的传感器。例如,离子敏传感器,即利用离子选择性电极,测量溶液的 pH 值或某些离子的活度,如 K^+、Na^+、Ca^{2+} 等。生物传感器是一种利用生物活性物质选择性来识别和测定生物化学物质的传感器。生物传感器的最大特点是能在分子水平上识别被测物质,不仅在化学工业的监测上,而且在医学诊断、环保监测等方面都有着广泛的应用前景。

2)按被测物理量分类。这种分类方法是根据被测量的性质进行分类,如压力传感器、位移传感器、速度传感器、温度传感器、流量传感器、液位传感器、转矩传感器、颜色传感器及湿度传感器等。

被测的物理量分为基本被测量和派生被测量。常见的非电基本被测量和派生被测量如表1-2 所示。这种分类方法明确地表达了传感器的用途,便于使用者根据其用途选用;但是没有区分每种传感器在转换原理上的差别,不便于使用者掌握其基本原理及分析方法。

表 1-2 非电基本被测量和派生被测量

基本被测量		派生被测量
位移	线位移	长度、厚度、振动、应变等
	角位移	旋转角、偏转角、角振幅等

第 1 章　传感器与测量基本知识

（续）

基本被测量		派生被测量
速度	线速度	速度、振动、动量等
	角速度	转速、角振动、角动量等
加速度	线加速度	振动、冲击、质量等
	角加速度	角振动、转矩、转动惯量等
力	压力	重量、应力、力矩等
时间	频率	周期、计数、统计分布等
温度		热容量、气体速度等
光		光通量、光谱分布等
湿度		水分、水气、露点等

　　通常对传感器的命名就是将其工作原理和被测参数结合在一起，先说工作原理，然后说被测参数，如硅压阻式压力传感器、电容式加速度传感器、压电式振动传感器、谐振式质量流量传感器等。

　　针对传感器的分类，不同的被测量可以采用相同的测量原理，同一个被测量可以采用不同的测量原理。因此，必须掌握在不同的测量原理之间测量不同的被测量时，各自具有的特点。

　　3）按应用范围分类。根据传感器的应用范围不同，通常可分为工业用、农业用、民用、科研用、医用、军用、环保用和家用电器用等；若按具体使用场合，还可以分为汽车用、飞机用、舰艇用、防灾用传感器等。如果根据使用目的的不同，又可分为计测用、监视用、检查用、诊断用、分析用和控制用等。

　　（2）工业机器人传感器的分类

　　工业机器人传感器可分为内部检测传感器和外部检测传感器两大类。内部检测传感器是以机器人本身的坐标轴来确定其位置，机器人自身中用来感知机器人自己的状态，以调整和控制机器人的行动。它安装在操作机上，包括位移、速度、加速度传感器，是为了检测机器人的内部状态，在伺服控制系统中作为反馈信号。外部检测传感器用于机器人对周围环境、目标物的状态特征获取信息，使机器人和环境发生交互作用，从而使机器人对环境有自校正和自适应能力。外部检测传感器通常包括视觉、触觉、接近觉、听觉、嗅觉和味觉等传感器。工业机器人传感器的分类与功能如表 1-3 所示。

表 1-3　工业机器人传感器的分类

传感器		检测内容	检测器件	应用
内部传感器	位置	规定位置、规定角度	微型开关、光电开关	起始原点、越线位置或确定位置检测
	角度	位移、角位移	电位器、旋转编码器	机器人关节线、角位移位置反馈控制
	速度	线速度、角速度	测速发电机、转速表	机器人运动速度的检测
	加速度	振动加速度	应变片加速度传感器、伺服加速度传感器、压电感应加速度传感器	机器人运动手臂安装加速度传感器，测量振动加速度

(续)

传感器		检测内容	检测器件	应用
外部传感器	视觉	平面位置 距离 形状 缺陷	ITV摄像机,位置传感器 测距器 线图像传感器 面图像传感器	位移决定、控制 移动控制 物体识别、判断 检查、异常检测
	触觉	接触 把握力、多元力 荷重 滑动 力矩 分布压力	限制开关 应变计、半导体感压元件 弹簧变位测量器 光学旋转检测器 压阻元件、马达电流计 导电橡胶、感压高分子材料	动作顺序控制 把握力、装配力控制 张力、指压控制 滑动判定、力控制 协调控制 姿势、形状判别
	接近觉	接近 间隔 倾斜	光电开关、LED、激光 光电晶体管、光电二极管 电磁线圈、超声波传感器	动作顺序控制 障碍物躲避 轨迹移动控制、探索
	听觉	声音 超声波	麦克风 超声波传感器	语音控制(人机接口) 移动控制
	嗅觉	气体成分	气体传感器、射线传感器	化学成分探测
	味觉	味道	离子敏感计、pH计	化学成分探测

1) 视觉传感器。视觉是以光为媒介测量物体的位置、速度和形状等物理量所感知的信息。由于它是非接触式测量,因而相对于其他感觉传感器来说工作环境更为广泛。视觉传感器在空间中判断物体的位置和形状主要需要距离信息、明暗信息。获得距离信息的方法有超声波、激光反射、立体摄像等;明暗信息主要靠电视摄像机、CCD 固态摄像机等。视觉传感器研究机器人工作环境的图像处理问题,与其他传感器的工作情况不同,视觉传感器对光线的依赖很大,需要好的照明条件,使物体形成的图像最为清晰,使得检测所需的信息得到增强,尽量避免产生不必要的阴影、低反差、镜面反射等问题。视觉传感器已在目视检查、装配、零件识别、焊接等自动化系统中得到应用。

2) 触觉传感器。工业机器人触觉一般包括狭义的触觉(接触觉)、压觉、力觉、滑觉。

接触觉:身体的某一部位和外界接触所感知的信息。接触觉传感器检测手爪与对象之间有无接触,根据手爪触感点的输出,机器人可以感受、搜索对象物,感受手爪与对象物之间的相对位置或姿态,并修正手爪的操作状态。

压觉:手指把握物体时所感知的阻力信息,主要用于感觉被接触物体的接触面的轮廓及表面形状。压觉主要是分布行压觉传感器,即通过把分散敏感元件阵列排列成矩阵或格子来设计的。导电橡胶、感压高分子、应变计、光电器件和霍尔元件常被作敏感元件阵列单元。压觉是一维力的感觉,传感器的本身相对于力的变化基本上不发生位置变化。

力觉:指手腕驱动物体时,受到外界阻力所感知的信息。力觉是多维力的感觉,为了检测多维力成分,要把多个检测元件立体的安装在不同位置上。用于力觉传感器的主要有应变式、压电式、电容式、光电式和电磁式等。由于应变式传感器的价格便宜,且易于制造,故广泛采用。

滑觉:把握物体表面滑动所感知的信息。工业机器人要抓住属性未知的物体时,必须确定自己最适当的握力目标值,因此需检测出握力不够时所产生的物体滑动。利用这一信号,在不损坏物体的情况下,牢牢抓住物体。滑觉传感器有滚动式、球式和通过振动检测滑觉的传感器。

3) 接近觉传感器。接近觉是机器人接近物体所感知的距离物体远近程度的信息，它具有视觉和触觉的中间功能，能敏感对象和障碍物的位置、姿态、运动等。这种传感器的主要作用有三个，第一，在接近对象物前得到的必要的信息，以便准备后续动作；第二，发现前方障碍物时限制行程，避免碰撞；第三，获取物体表面各点距离信息，从而测出对象物体表面形状。接近觉一般用非接触式测量元件，传感器主要有光电式、超声波式、电磁式、电容式、气动式和红外式等。

4) 听觉传感器。听觉是指耳膜受到外界振动冲击所感知的信息。机器人听觉传感器的基本形态与传声器相同，即是采用振动检测元件制作的话筒，其工作原理为压电效应和磁电效应。某些工业机器人可以根据操作者的命令改变工作内容。

5) 嗅觉传感器。嗅觉传感器主要是采用气体传感器、射线传感器等用于检测空气中的化学成分、浓度等。在放射线、高温煤气、可燃性气体以及其他有毒气体的恶劣环境下，开发检测放射线、可燃气体以及有毒气体的传感器很重要。

4. 传感器在自控系统中的作用

自动控制系统通常由传感器、测量电路、通信设备和输出单元等部分组成，如图1-3所示。传感器是自控系统中接收信息的首要部件，作用是将被测的非电量转换成与其有一定对应关系的电量。但是传感器的输出信号一般是很弱且伴有各种噪声，因此需要通过测量电路将它放大，剔除噪声，从而得到有用信号进行处理与转换，并通过通信设备及传输通道将输出信号送到信息处理电路中。信号经处理后，再发出控制信号，驱动执行机构，然后对被控对象实现某种操作或输出显示，从而达到对系统进行控制的目的。

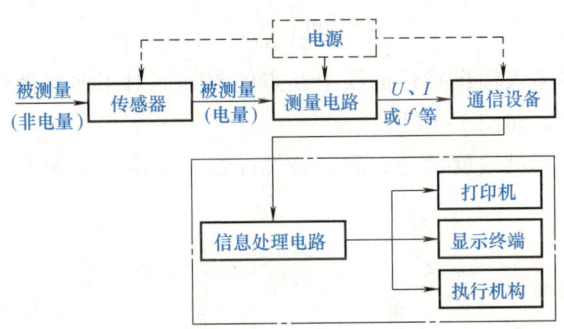

图1-3 自动控制系统组成框图

在自动控制系统中，传感器是首要部件，是实现现代化测量和自动控制（包括遥感、遥测、遥控）的主要环节，它决定自动控制系统的性能好坏。

1.1.2 传感器的特性

在生产和科学实验中，要对各种各样的参数进行检测和控制，就要求传感器能够快速、准确的响应被测量（物理量、化学量及生物量等）。在某些情况下，传感器需要测量不变或缓慢变化的量；在另一些情况下，传感器需要测定快速变化的量。所以，对传感器的研究一般从静态特性、动态特性两方面进行。在研究传感器的输入—输出之间的关系时，通常是建立数学模型。

1. 传感器的静态特性

传感器的静态特性是指传感器在静态工作状态下的输入输出特性。传感器静态工作状态是指输入量恒定或缓慢变化而输出量也达到相应稳定值时的工作状态。

传感器的静态数学模型一般用 n 次多项式来表示：

$$Y = a_0 + a_1 x + a_2 x^2 + \cdots + a_n x^n \tag{1-1}$$

式中　　x——传感器的输入量，即被测量；

　　　　Y——传感器的理论输出量；

a_0，a_1，a_2，$\cdots$，a_n——决定曲线形状和位置的系数。

传感器的静态特性是通过其静态性能指标表示的。

(1) 测量范围和量程

传感器能测量的最大被测量（即输入量）的数值称为测量的上限，最小的被测量则称为测量下限。用测量上限和测量下限表示的测量区间，称为测量范围，简称范围。测量上限和测量下限的代数差称为量程，表示为：

$$量程 = x_{\max} - x_{\min} \tag{1-2}$$

式中　$x_{\max}$——测量上限；

　　　$x_{\min}$——测量下限。

例如：范围为 0～+20V，量程为 20V；范围为 -10～+20V，量程为 30V；范围为 +5～+20V，量程为 15V。通过测量范围，可以知道传感器的测量下限和测量上限，以便正确使用传感器；通过量程，可以知道传感器的满量程输入值。

(2) 灵敏度

传感器在静态工作条件下，其单位输入所产生的输出，称为灵敏度，用 S 来表示，则：

$$S = \lim_{\Delta x \to 0} \left(\frac{\Delta y}{\Delta x} \right) = \frac{dy}{dx} \tag{1-3}$$

实际上就是传感器输入输出特性曲线上某点的斜率。对于非线性传感器，其灵敏度是一个随工作点而变化的量，如图 1-4a 所示。

对于线性传感器，其灵敏度就是它静态特性曲线的斜率，如图 1-4b 所示，表示为：

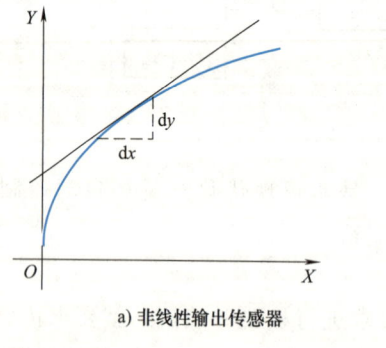
a) 非线性输出传感器

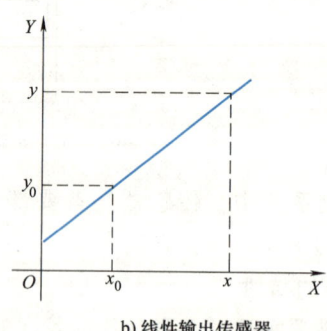
b) 线性输出传感器

图 1-4　传感器的灵敏度

$$S = \frac{y - y_0}{x - x_0} \tag{1-4}$$

灵敏度是一个有单位的量，其单位决定于传感器的输出量的单位和输入量的单位。

第1章 传感器与测量基本知识

（3）线性度

传感器输出量与输入量之间的实际关系曲线偏离理论拟合直线的程度，又称为非线性误差。传感器特性曲线的非线性误差（线性度）是用特性曲线与其拟合直线之间的最大偏差与传感器满量程输出比，用 L 来表示，则：

$$L = \pm \frac{\Delta_{max}}{\overline{Y}_{F.S}} \times 100\% \tag{1-5}$$

式中 Δ_{max}——实际曲线与拟合直线之间的最大偏差；

$\overline{Y}_{F.S}$——满量程输出的平均值。

由于非线性误差是以所参考的拟合直线为基准算得的，基准不同，所得的线性度也就不同。常用的拟合方法有理论直线法、端基连线法、割线法、最小二乘法等。如图1-5所示端基连线法，只需要校正传感器的零点和对应于最大输入量 x_{max} 的最大输出值 $Y_{F.S}$，将这两点连成直线便可得到该传感器的拟合直线，该方法简单直观，但测量精度不高。

（4）迟滞

传感器在正行程（输入量增大）和反行程（输入量减小）期间，输出—输入特性曲线不一致的程度。如图1-6所示，对于同一大小的输入信号，传感器正反行程的输出信号大小不相等。

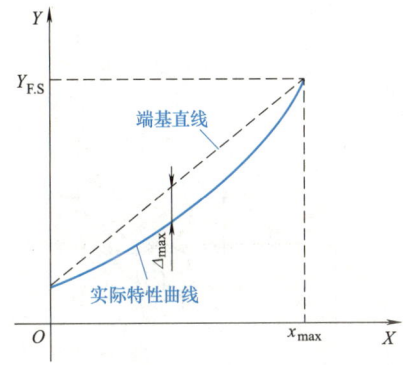

图1-5 传感器的线性度——端基连线法

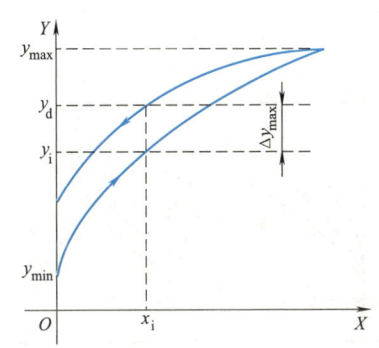

图1-6 迟滞特性

在行程中，同一输入量 x_i 对应于不同的输出量 y_i、y_d 的差值称为滞环误差，最大的滞环误差用 Δy_{max} 表示，它与满量程输出值的比值称滞环误差，用 H 来表示，则：

$$H = \frac{\Delta y_{max}}{y_{max} - y_{min}} \times 100\% = \frac{\Delta y_{max}}{Y_{F.S}} \times 100\% \tag{1-6}$$

式中 y_{max}——输出最大值；

y_{min}——输出最小值；

$Y_{F.S}$——满量程输出。

迟滞作为一种静态指标是无量纲的。造成迟滞的原因有多种，如磁性材料的磁滞、弹性材料的内摩擦、运动部件的干摩擦及间隙等，反映了传感器机械部分不可避免的缺陷。

（5）重复性

在相同的工作条件下，在短时间的时间间隔内，输入量从同一方向作满量程多次测试时，所得特性曲线不一致的程度。如图1-7所示，图中 Δ_{1max}、Δ_{2max} 为多次测试的不重复误差,多次测量的曲线越重合,其重复性越好。

重复性误差用 R 来表示,则:

$$R = \pm \frac{\Delta_{max}}{y_{max} - y_{min}} \times 100\% = \frac{\Delta_{max}}{Y_{F.S}} \times 100\% \qquad (1-7)$$

式中　Δ_{max}——输出最大不重复误差;

　　　y_{max}——输出最大值;

　　　y_{min}——输出最小值;

　　　$Y_{F.S}$——满量程输出值。

传感器输出特性的不重复性主要由传感器的机械部分的磨损、间隙、部件内部的摩擦、积尘、电路老化、工作点漂移等原因产生。重复性是一个可反映传感器能否精确测量的性能指标。

(6) 分辨力和阈值

实际测量时,传感器的输入输出关系不可能保持绝对连续。有时候,输入量开始变化了,但输出量并不随之相应变化,而是输入量变化到某一程度时,输出才突然产生一小的阶跃变化,即传感器的特性曲线是呈阶梯形变化的,如图1-8所示。传感器的分辨力是指在规定测量范围内所能检测的输入量的最小变化量 Δx_{min}。该值相对满量程输入值的百分比为分辨率。

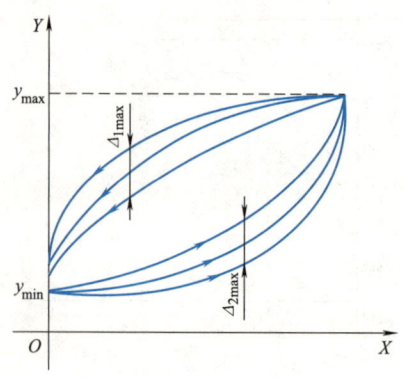

图1-7　重复性

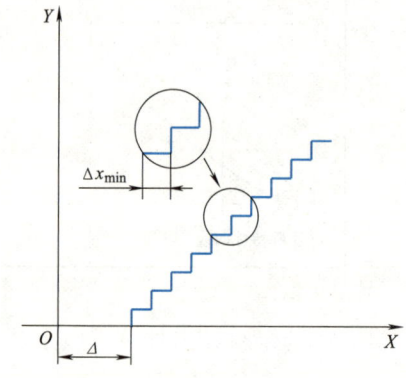

图1-8　分辨力和阈值

对于模拟式仪表,规定最小刻度分格数的一半是它的分辨力。对于数字式仪表,指示数字的最后一位数字所代表的值是它的分辨力,当被测量的变化小于分辨率时,仪表的最后一位数字保持不变。分辨力是一个可反映传感器能否精密测量的性能指标,既可以适用于传感器的正行程,也适用于反行程。

阈值通常又可称为灵敏限、灵敏阈、失灵区、死区、钝感区等,定义为输入量由零变化到使输出量开始发生变化可观测的输入量值,如图1-8中的 Δ 值。

(7) 漂移

在一定的时间间隔内,传感器在外界干扰下,输出量发生与输入量无关的、不需要的变化。漂移包括零点漂移和灵敏度漂移。

零点漂移是指在规定的时间间隔及室内条件下零输出时的变化。

灵敏度漂移是指由于灵敏度的变化而引起的校准曲线斜率的变化。

（8）稳定性

稳定性有短期稳定性和长期稳定性之分。对于传感器常用长期稳定性描述其稳定性。所谓传感器的稳定性是指在室温条件下，经过相当长的时间间隔，如一天、一月或一年，传感器的输出与起始标定时的输出之间的差异。因此，通常又用其不稳定度来表征传感器输出的稳定程度。

2. 传感器的动态特性

在实际的测量过程中，很多被测信号是随时间变化的，对这种动态信号的测量，需要传感器能迅速、准确地测出信号幅值和被测信号随时间变化的规律。传感器的动态特性是指其输出对随时间变化的输入量的响应特性。当被测量随时间变化，即是时间函数时，传感器的输出量也是时间函数，它们之间的关系要用动态特性来表示。

例如，把一支热电偶从温度为 T_0 的环境中迅速插入一个温度为 T 的恒温水槽中（插入时间忽略不计），这时热电偶测量的介质温度从 T_0 突然上升到 T，而热电偶反映出来的温度从 T_0 变化到 T 需要经历一段时间，即有一段过渡过程，如图 1-9 所示。热电偶反映出来的温度与介质温度的差值就称为动态误差。造成热电偶输出波形失真和产生动态误差的原因，是因为温度传感器有热惯性和传热电阻，使得动态测温时传感器输出总是滞后于被测介质的温度变化。这种热惯性是热电偶固有的，且决定了热电偶测量快速温度变化时会产生动态误差。

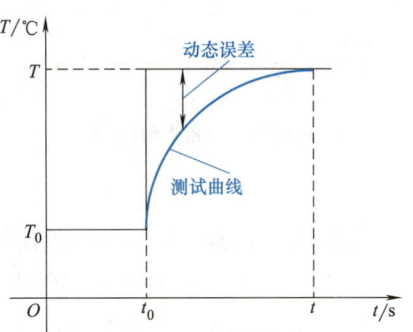

图 1-9　热电偶测温过程的动态特性

研究传感器的动态特性，需要建立传感器的动态数学模型。动态数学模型一般采用微分方程和传递函数来描述。绝大多数传感器都属于模拟系统（连续变化的信号），其动态数学模型用线性常系数微分方程来表示，即：

$$a_n\frac{\mathrm{d}^n y(t)}{\mathrm{d}t^n}+a_{n-1}\frac{\mathrm{d}^{n-1}y(t)}{\mathrm{d}t^{n-1}}+\cdots+a_0 y(t)=b_m\frac{\mathrm{d}^m x(t)}{\mathrm{d}t^m}+b_{m-1}\frac{\mathrm{d}^{m-1}x(t)}{\mathrm{d}t^{m-1}}+\cdots+b_0 x(t)$$

(1-8)

式中　a_0，a_1，…，a_n 和 b_0，b_1，…，b_m——分别是与传感器的结构有关的常数；

t——时间；

$x(t)$——输入量；

$y(t)$——输出量。

下面对传感器的动态特性进行分析时，采用最简单、易实现的阶跃信号和正弦信号作为标准输入信号。对于阶跃输入信号，传感器的响应称为阶跃响应或瞬态响应。对于正弦输入信号，传感器的响应称为频率响应或稳态响应。

（1）阶跃（瞬态）响应特性

传感器的瞬态响应是时间响应，这种对传感器的响应和过渡过程进行分析的方法是时域分析法。传感器对所加激励信号的响应称为瞬态响应。下面以单位阶跃响应来分析传感器的动态性能指标。

给传感器一个单位阶跃信号：

$$x(t) = \begin{cases} 0 & t \leq 0 \\ 1 & t > 0 \end{cases} \tag{1-9}$$

当输入为单位阶跃信号时，则传感器的响应函数 $y(t)$ 分为两个响应过程，一个是从初始状态到接近终态之间的过程，即过渡过程；当 t 趋于无穷时，输出基本稳定，称为稳态过程，如图1-10所示。

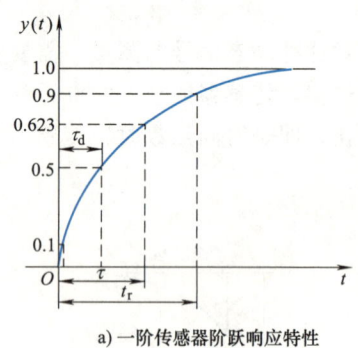
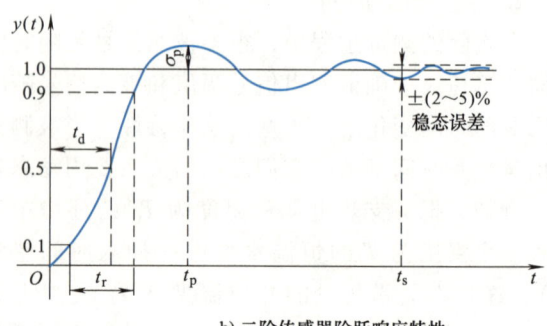

a) 一阶传感器阶跃响应特性　　　　　　b) 二阶传感器阶跃响应特性

图1-10　阶跃输入与阶跃响应

图1-10中阶跃响应的动态性能指标的含义如下：

1) 时间常数 τ：阶跃响应曲线由0上升到稳态值 $y(\infty)$ 的62.3%所需要的时间。

2) 延迟时间 t_d：阶跃响应曲线达到稳态值的50%所需要的时间。

3) 上升时间 t_r：阶跃响应曲线从稳态值 $y(\infty)$ 的10%上升到90%所需要的时间。它表示传感器的响应速度，t_r 越小，表明传感器对输入的响应速度快。

4) 峰值时间 t_p：阶跃响应曲线上升到第一个峰值所需要的时间。

5) 最大超调量 σ_p：阶跃响应曲线偏离稳态值的最大值，常用百分数表示，能说明传感器的相对稳定性。

6) 响应时间 t_s：阶跃响应曲线逐渐趋于稳定，到达与稳态值 $y(\infty)$ 之差不超过 $\pm(2 \sim 5)\%$ 所需要的时间，也称为过渡时间。

7) 振荡次数 N：阶跃响应曲线在稳态值 $y(\infty)$ 上下振荡的次数，N 越小，表明稳定性越好。

8) 稳态误差 e：阶跃响应曲线的实际值 $y(\infty)$ 与期望值之差，反映稳态的精确程度。

(2) 频率（稳态）响应特性

传感器对正弦输入信号 $X(t) = A\sin(\omega t)$ 的响应，称为频率响应特性。频率响应法是从传感器的频率特性出发研究传感器的动态特性的方法。若输入信号为正弦信号 $X(t) = A\sin(\omega t)$，用复数表示为 $Ae^{j\omega t}$，此时输出信号 $Y(t) = B\sin(\omega t + \phi)$，用复数表示为 $Be^{j(\omega t + \phi)}$，经拉式变换后有：

$$H(j\omega) = \frac{Y(j\omega)}{X(j\omega)} = \frac{b_m(j\omega)^m + b_{m-1}(j\omega)^{m-1} + \cdots + b_1(j\omega) + b_0}{a_n(j\omega)^n + a_{n-1}(j\omega)^{n-1} + \cdots + a_1(j\omega) + a_0} = |H(j\omega)| \angle \phi(\omega) \tag{1-10}$$

其中，频率传递函数的模 $|H(j\omega)|$ 为输出与输入的幅值之比 B/A，它与角频率 ω 的关系被称为幅频特性，即 $B/A = |H(j\omega)|$ 是幅频特性。输出与输入的相位差与频率关系称为相频关系，即 $\phi(\omega)$ 是相频特性。

选学内容

下面以一阶传感器为研究对象，观察其频率响应特性，可得频率特性表达式：

$$H(s) = \frac{Y(s)}{X(s)} = \frac{1}{\tau s + 1} = \frac{1}{\tau(j\omega) + 1} \tag{1-11}$$

则幅频特性：

$$A(\omega) = \frac{1}{\sqrt{1 + (\omega\tau)^2}} \tag{1-12}$$

相频特性：

$$\Phi(\omega) = -\arctan(\omega\tau) \tag{1-13}$$

由式（1-11）~式（1-13）和图1-11看出，时间常数 τ 越小，频率响应特性越好。当 $\omega\tau \ll 1$ 时，$A(\omega) \approx 1$，$\Phi(\omega) \approx 0$，表明传感器输出与输入曲线为线性关系，而且相位差也很小，输出 $y(t)$ 比较真实地反映了输入 $x(t)$ 的变化规律。因此，减小 τ 可以改善传感器的频率特性。

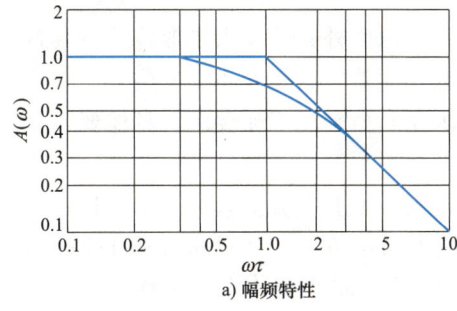
a) 幅频特性

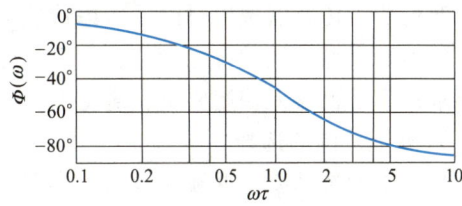
b) 相频特性

图1-11　一阶传感器的频率响应特性曲线

由于相频特性与幅频特性之间有着一定的内在关系，通常在表示传感器的动态特性时，主要用幅频特性。频率响应的特性指标：

1) 频带传感器增益：保持在一定值内的频率范围为传感器频带或通频带，对应有上、下截止频率。

2) 时间常数 τ：用时间常数 τ 来表征一阶传感器的动态特性。τ 越小，频带越宽。

3) 自然频率 ω_n：二阶传感器的自然频率 ω_n 表征了其动态特性。

1.1.3　传感器的选用

目前，传感器在原理与结构上千差万别，如何根据具体测量目的、测量对象及测量环境合理选择传感器是在测量时应首要解决的问题。现介绍传感器选择时的重要因素。

1. 一般传感器选用的原则

传感器的选择应根据测量对象与测量环境，从检测条件及目的、传感器的性能指标、传感器的使用条件、传感器的价格以及备件售后等多因素综合考虑。

（1）根据测量对象、目的、环境确定传感器类型

1) 测量对象为固体还是液体；采用接触式的还是非接触式的传感器；静态测量还是动态测量等。

2) 测量目的是直接提取被测量，作为过程控制量还是其他目的。

3) 测量环境。安装现场条件、环境条件（温度、湿度、振动等）、过载保护、信号传

输距离等。

(2) 根据传感器的性能指标确定传感器的类型

传感器的性能一般需要考虑以下指标：静态与动态；灵敏度；稳定性；精度；量程与线性范围；频率响应特性；输出信号的类型；工作寿命和安全性能等。应根据实际需要，确保主要指标，放宽次要指标，以求得高的性能价格比。

(3) 根据检测系统要求确定传感器类型

1) 系统要求信号的形式，如实时与否；数字还是模拟等。

2) 与传感器连接的负荷阻抗特性。

3) 传输、连接（接口）、存储方式等。

(4) 其他

传感器的货源情况，是否有稳定的供应渠道；国产还是进口；备件是否充足；售后服务；性能价格比。

2. 工业机器人传感器选用的原则

工业机器人传感器选用时除了考虑传感器的一般原则外，还要求工业传感器具备：精度高、重复性好；稳定性和可靠性好；抗干扰能力强；质量轻、体积小、安装方便；适应加工任务要求；满足机器人控制要求；满足安全性要求及其他辅助工作要求。具体要求是：

(1) 测量范围的选择

测量范围的选择要根据被测量的大小和变化范围，留有充分的余地。测量稳定变量，最大测量值不应超过量程的 2/3；测量脉动变量，最大测量值不应超过量程的 1/2；测量变量最小值不应低于传感器量程的 1/3。根据被测量的最大、最小值，求出传感器测量范围，在国家规定的标准系列中选取合适的测量范围。所选的测量上限应大于（最接近）或至少等于计算求得的上限值，且满足最小测量值的规定要求。

(2) 准确度等级的选择

在工业测量中，为了便于表示传感器的质量，通常用准确度等级来表示仪表的准确程度。准确度等级就是最大引用误差去掉正、负号及百分号（具体见表1-4）。准确度等级习惯上称为精度等级。根据测量要求限定最大的绝对误差和选定量程。

(3) 类型的选择

根据被测介质性质是否需要信号远传或报警等特殊要求及现场环境条件等对传感器类型进行选择。

总之，传感器的选用要与实际情况相结合，要保证主要参数，不必盲目追求单项指标的全面优异，主要关心其稳定性和变化规律。如果是为了定量分析，需要获得精确的测量值，就需要选用精度等级能满足测量要求的传感器；如果是为了定性分析，则需要选用重复精度高的传感器即可，而不适合选用绝对量值精度高的。对于某些特殊使用的场合，无法选到合适的传感器，需要自行设计制造性能满足要求的传感器。

1.2　测量的基本知识

在传感器的测试过程中，无论采用多么完善的测试方法和多么精确的测量装置，都不可避免的会产生误差，测试结果也就不可能绝对准确。因此，为了衡量传感器质量指标的高低，就必须对测量结果进行数据处理与误差估算，来反映它与真值之间的一致程度，即精确度。但是，一般传感器并不直接给出精确度等级综合误差的工作性能指标，而是采用分项指标表示。本节介绍的测量的基础知识，是对传感器精度评定的基础。

1.2.1 测量的定义及测量方法

1. 测量的定义

测量是人们借助于专门的设备，通过实验的方法，对被测对象收集信息、取得数量概念的过程。测量的结果可以表现为一定的数字，也可表现为一条曲线或者显示成某种图形等。测量的结果包含有两个部分：一是数值的大小及正、负符号；二是其相应的单位。表示测量结果时必须注明单位，否则结果将毫无意义。

传感器是感知、获取及检测信息的元件，在自动检测系统中，要通过传感器获取信息，并将信息转换为容易传输、处理的电信号。

2. 测量的方法

从不同的角度，对测量有不同的分类方法。

（1）按测量过程的特点分类

直接测量法：用事先经标定有分度的仪表对被测量进行测量，从而获得被测量的数值，这种测量称为直接测量。例如，用弹簧管压力表测量压力，用磁电式电流表测量电路的某一支路电流等，都属于直接测量。

间接测量法：是对几个与被测量有确定函数关系的物理量进行直接测量，然后通过代表该函数关系的公式、曲线或表格求出未知量，这类测量称为间接测量。现代测量中，通过检测元件检测出被测量，然后通过信息分析处理部件（运算放大器或微处理机）进行数据分析处理，最终得到未知被测量值。间接测量手续较多，花费时间较长，一般用于直接测量不方便或者缺乏直接测量手段的场合。

组合测量法：被测量必须经过求解联立方程组，才能得到最后结果，这样的测量称为组合测量。组合测量是一种精密测量方法，操作手续复杂，花费时间长，多用于科学实验或特殊场合。

（2）按测量的精度因素分类

等精度测量法：指在测量条件（包括测量仪器、测量人员、测量方法及环境条件）等不变的情况下，对同一被测量进行多次重复测量，称为等精度测量。

不等精度测量法：为了得到更精确的测量结果，在不同的测量条件下，用不同的仪器、不同的测量方法、不同的测量次数以及不同的测量者进行测量对比，这种测量称为不等精度测量。在一般的测量工作中，常常采用的不等精度测量方法有两种，一是用不同测量次数进行对比测量，二是用不同精度的仪器进行对比测量。

（3）按被测对象的特点分类

静态测量法：被测物理量是静止不变的量，仪器的输入量为常量，称为静态测量。

动态测量法：被测物理量是随时间或空间或其他参数而变化，仪器的输入量及测量结果（数据或信号）也是随时间而变化，称为动态测量。这种测量必须在瞬间完成，才能得到动态参数的测量结果。

（4）按测量仪表的特点分类

接触测量法：直接与被测对象接触，承受被测参数的作用，感受其变化，从而获得测量结果的方法。

非接触测量法：不与被测对象直接接触，而是间接承受被测参数的作用，感受其变化，从而获得测量结果的方法。

1.2.2 测量的误差和精度

由于实验方法和实验设备的不完善，周围环境的影响，以及人们认识能力所限等，测量和实验所得的数据和被测量真值之间，不可避免地存在着差异，这在数值上即表现为误差。所谓真值是指在观测一个量时，该量本身所具有的真实大小，这是一个理想的概念，一般是不知道的。由于误差的存在，测量的结果所反映的并不是被测对象的本来面貌，而只是一种近似。为了充分认识进而减小或消除误差，必须对误差进行研究，从而可以选用合理的仪器或设备，在最经济的条件下得到理想的结果。

1. 误差的定义及表示方法

误差就是测得值与被测量的真值之间的差，可表示为：

$$误差 = 测得值 - 真值 \tag{1-14}$$

测量误差可用绝对误差表示，也可用相对误差表示。

（1）绝对误差

某物理量的测得值和真值的差值称为绝对误差，即：

$$\Delta_x = x - A_0 \tag{1-15}$$

式中 Δ_x——绝对误差；

x——测得值；

A_0——真值。

在实际测量中，由于真值是无法求得的，常用实际真值来代替真值，并采用高一级的标准仪器的示值作为实际真值。即：

$$\Delta_x = x - A \tag{1-16}$$

式中 A——实际真值。

在实际测量中，经常使用修正值。为了消除系统误差，测量值加上修正值就可得到真值，即：

$$A = x + c \tag{1-17}$$

式中 c——修正值。

修正值 c 与绝对误差 Δ_x 的大小相等、符号相反，即：

$$c = -\Delta_x \tag{1-18}$$

修正值给出方式不一定是具体的数值，也可以是一条曲线或公式。在某些智能化仪表中，修正值预先被编制成有关程序，存储于仪表中，所得的测量结果已自动对误差进行了修正。

对于相同的被测量，绝对误差可以评定其测量精度的高低，但是对于不同的被测量，绝对误差就难以评定其测量精度的高低，故引入了相对误差。

（2）相对误差

误差与被测量的真值之比称为相对误差。因为测得值与真值接近，故也可以用绝对误差与测得值之比作为相对误差，即：

$$\delta = \frac{\Delta_x}{A} \times 100\% \tag{1-19}$$

第 1 章　传感器与测量基本知识

其中：由于绝对误差可能为正值或负值，因此相对误差也可能为正值或负值。

例 1-1 采用两种方法来测量 $L_1 = 100\text{mm}$ 的尺寸，其测量绝对误差分别为 $\Delta_{x1} = \pm 8\mu\text{m}$，$\Delta_{x2} = \pm 6\mu\text{m}$。根据绝对误差的大小可知后者测量误差小，精度高。但若采用第三种方法测量 $L_2 = 80\text{mm}$ 的尺寸，其测量误差为 $\Delta_{x3} = \pm 6\mu\text{m}$，那么如何判断的这三种测量精度的的高低呢？

解：

采用第一种方法的相对误差为：

$$\delta_1 = \frac{\Delta_{x1}}{L_1} \times 100\% = \pm \frac{8\mu\text{m}}{100\text{mm}} \times 100\% = \pm \frac{8}{100000} \times 100\% = \pm 0.008\%$$

采用第二种方法的相对误差为：

$$\delta_2 = \frac{\Delta_{x2}}{L_1} \times 100\% = \pm \frac{6\mu\text{m}}{100\text{mm}} \times 100\% = \pm \frac{6}{100000} \times 100\% = \pm 0.006\%$$

采用第三种方法的相对误差为：

$$\delta_3 = \frac{\Delta_{x3}}{L_2} \times 100\% = \pm \frac{6\mu\text{m}}{80\text{mm}} \times 100\% = \pm \frac{6}{80000} \times 100\% = \pm 0.0075\%$$

由此可知 $\delta_1 > \delta_3 > \delta_2$，第一种方法测量精度最低，第二种方法测精度最高。

（3）引用误差

引用误差是一种简化和实用的相对误差，常在多档和连续刻度的仪器仪表中应用。这类仪器仪表可测范围不是一个点，而是一个量程。引用误差是以仪器仪表某一刻度点的示值误差为分子，以测量范围上限或全量程为分母，即：

$$S = \frac{\Delta_x}{x_m} \times 100\% \tag{1-20}$$

式中　S——引用误差；

x_m——仪器仪表的满刻度值。

由引用误差的定义可知，对于某一确定的仪器仪表，它的最大引用误差值也是确定的，这就为仪器仪表划分准确度等级提供方便。电工仪表就是按引用误差的值进行分级的，具体标准见表 1-4 所示。

表 1-4　仪器仪表的准确度等级和基本误差

等级	0.1	0.2	0.5	1.0	1.5	2.5	5.0
基本误差	±0.1%	±0.2%	±0.5%	±1.0%	±1.5%	±2.5%	±5.0%

例 1-2 某测温仪表的测温范围为 $0 \sim 800\text{℃}$，根据工艺要求，温度指示值的最大误差不允许超过 $\pm 5\text{℃}$，试问应如何选择仪表的准确度等级才能满足以上要求？

解： 根据工艺要求，该仪表的允许误差为：

$$\delta = \frac{\pm 5}{800 - 0} \times 100\% = \pm 0.625\%$$

仪表的允许误差介于 $\pm 0.5\%$ 和 $\pm 1.0\%$ 之间，如果选用 1.0 级仪表，其允许误差为 $\pm 1.0\%$，超过了工艺上允许的数值，故应选 0.5 级仪表才能满足工艺要求。

如果仪表为 S 级，说明该仪表的最大引用误差不超过 $S\%$，即 $\delta_m \leq S\%$，但是不能认为它在各个刻度上的示值误差都具有 $S\%$ 的准确度。如果某电工仪表为 S 级，满刻度值为 x_m，

测量点为 x，则该表在该测量点的最大相对误差可表示为：

$$\gamma = \frac{x_m}{x} S \qquad (1\text{-}21)$$

式中　γ——最大相对误差。

因为 $x \leqslant x_m$，故当 x 越接近于 x_m 时，其测量的准确度越高。所以，在使用这类仪表测量时，应尽可能选择使指针尽可能接近于满度值的量程，一般最好能工作在不小于满度值 2/3 以上的区域。

例 1-3　现有 0.5 级的 0~300℃ 的温度计和 1.0 级的 0~200℃ 的温度计两支，要测量 80℃ 的温度，试问哪一支温度计好？

解：用 0.5 级温度计测量时，可能出现的最大示值相对误差为：

$$\gamma_1 = \frac{\Delta_{x1}}{A_1} \times 100\% = \frac{300}{80} \times 0.5\% = 1.875\%$$

用 1.0 级温度计测量时，可能出现的最大示值相对误差为：

$$\gamma_2 = \frac{\Delta_{x2}}{A_2} \times 100\% = \frac{300}{80} \times 1.0\% = 1.25\%$$

采用 1.0 级表比用 0.5 级表的最大相对误差反而小，所以更合适。

2. 误差的来源

在测量过程中，误差产生的原因可以归纳为以下几个方面：

（1）环境误差

由于各种环境因素与规定的标准状态不一致而引起的测量装置和被测量本身的变化所造成的误差，如温度、湿度、气压（引起空气各部分的扰动）、振动（外界条件及测量人员引起的振动）、照明（引起视差）、重力加速度、电磁场等引起的误差。通常仪器仪表在规定的正常工作条件下具有的误差称为基本误差，而超出此条件时所增加的误差称为附加误差。

（2）测量工具误差

由测量工具本身的误差所引起的测量误差。以固定形式复现标准量值的器具，如标准量块、标准线纹尺、标准电池、标准电阻、标准砝码等，它们本身体现的量值不可避免地含有误差；仪器或仪表用于直接或间接将被测量和已知量进行比较的器具设备，如阿贝比较仪、天平等比较仪器，压力表、温度计等指示仪表本身都具有误差；仪器的附件及附属工具，如千分尺的调整量棒、测长仪的标准环规等的误差也会引起测量误差。

（3）方法误差

由于测量方法不完善所引起的误差。如采用近似的测量方法而造成的误差，用游标卡尺测量小轴的直径 d，再通过计算求出小轴的周长 $s = \pi d$，因为近似数 π 的取值不同将会引起误差。

（4）人员误差

由于测量者受分辨能力的限制，因为工作疲劳引起的视觉器官的生理变化，固有习惯引起的读数误差，以及精神上的因素产生的一时疏忽等所引起的误差。

总之，在计算测量结果的精度时，对上述各方面的的误差来源，必须进行全面的分析，特别要注意对误差影响较大的那些因素。

3. 误差的分类

按照误差的性质，误差可分为系统误差、随机误差和粗大误差三类。

(1) 系统误差

在相同的条件下，多次测量同一量时，所出现误差的绝对值和符号保持恒定；或在条件改变时，与某一个或某几个因素成函数关系的有规律的误差，称为系统误差。如仪表的刻度误差和零位误差、应变片电阻值随温度的变化等，它产生的主要原因是仪器仪表的制作、安装或使用方法不正确，也可能测量人员一些不良的读数习惯等。

系统误差表明了一个测量结果偏离真值或实际值的程度。系统误差越小，测量就越准确。所以经常用来表征测量的准确度的高低。

(2) 随机误差

只要测试系统的灵敏度足够高，在相同的条件下，重复测量某一量时，出现误差的绝对值和符号以不可预定方式变化的误差称为随机误差。虽然单次测量的随机误差没有规律，但多次测量的总体却服从统计规律，通过对测量数据的统计处理，能在理论上估计随机误差对测量结果的影响。

随机误差是由很多复杂因素对测量值的综合影响造成的，如电磁场的微变、零件的摩擦、间隙、热起伏、空气扰动、气压及湿度变化、测量人员的感觉器官的生理变化等。它不能用修正或采取某些技术措施的办法来消除。

应当指出，在任何一次测量中，系统误差与随机误差一般都是同时存在的，而且两者之间并不存在绝对的界限。如按一定基本尺寸制造的量块，存在着制造误差，对某一块量块的制造误差是确定数值，可认为是系统误差，但对一批量块而言，制造误差是变化的，又成为随机误差。

(3) 粗大误差

一种显然与实际值不符的误差，称为粗大误差，又称为寄生误差。此误差值较大，明显歪曲测量结果，如测错、读错、记错以及实验条件未达到预定的要求而匆忙实验等，都会引起粗大误差。含有粗大误差的测量值称为坏值或异常值，在处理数据时，应剔除。这样，测量中要估计的误差就只有系统误差和随机误差两类。

4. 测量的精度

反映测量结果与真值接近的程度的量，通常称为精度。精度与误差的大小相对应，误差小则精度高，误差大则精度低，因此可以用误差大小来表示精度的高低。与精度相关的指标有准确度、精密度和精确度。

(1) 准确度

描述仪表指示值有规律地偏离真值的程度。它反映测量结果中系统误差的影响程度。

(2) 精密度

描述测量仪表指示值不一致的程度。它反映测量结果中随机误差的影响程度。

(3) 精确度

精确度是精密度和准确度两者之和，它反映测量结果中系统误差和随机误差综合的影响程度，其定量特征可用测量的不确定度（或极限误差）来表示。

如图 1-12 所示的射击打靶结果，子弹落在靶心周围有三种情况，图 1-12a 的系统误差小而随机误差大，即准确度高而精密度低；图 1-12b 的系统误差大而随机误差小，即准确度低而精密度高；图 1-12c 的系统误差与随机误差都小，即精确度高。通常，我们希望得到精确度高的结果。

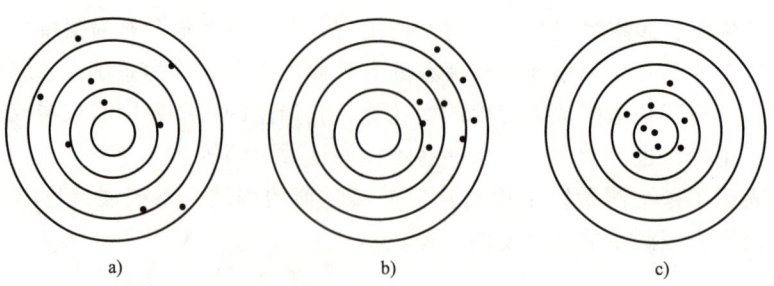

图 1-12 射击打靶举例

对于具体的测量，精密度高的准确度不一定高，准确度高的精密度也不一定高，但精确度高的，则精密度与准确度都高。

1.2.3 测量误差的处理方法

在实际测量中，不可避免的会使实验中测得的值和它的真实值之间产生测量误差。在一般测量实践中基本上属于等精度测量。所谓等精度测量是指在测量条件（包括测量仪器、测量人员、测量方法及环境条件等）不变的情况下，对某被测量进行多次测量。对某一量进行等精度测量时，测量值中可能含有系统误差、随机误差和粗大误差，为了给出正确合理的结果，应按下列步骤对测得的数据进行处理。

1. 求算术平均值

对某一量进行一系列等精度测量，由于存在随机误差，其测得值皆不相同，应以全部测得值的算术平均值作为最后测量结果。

在系列测量中，被测量的 n 个测得值的代数和除以 n 而得的值称为算数平均值。设 x_1、x_2、$\cdots$、x_n 为 n 次测量所得的值，则算术平均值 $\bar{x}$ 为：

$$\bar{x} = \frac{x_1 + x_2 + \cdots + x_n}{n} = \frac{\sum_{i=1}^{n} x_i}{n} \tag{1-22}$$

算术平均值与被测量的真值最为接近，若测量次数无限增加，则算术平均值必然趋近于真值。由于实际上测量次数都是有限的，人们只能把算术平均值近似的作为被测量的真值。则有：

$$v_i = x_i - \bar{x} \tag{1-23}$$

式中　x_i——第 i 个测得值，$i = 1$、2、$\cdots$、n；

　　　v_i——x_i 的残余误差。

2. 求残余误差

算术平均值及其残余误差的计算是否正确，可用求得的残余误差代数和的性质来校核。根据式（1-23），求得残余误差的代数和为：

$$\sum_{i=1}^{n} v_i = \sum_{i=1}^{n} x_i - n\bar{x} \tag{1-24}$$

式中　$\bar{x}$——式（1-22）求得的算术平均值。

3. 算术平均值的计算校核

当求得算术平均值 $\bar{x}$ 为未经凑整的准确数时，则有：

$$\sum_{i=1}^{n} v_i = 0 \qquad (1\text{-}25)$$

残余误差代数和为零这一性质，可用来校核算术平均值及其残余误差计算的正确性。用残余误差代数和校核算术平均值及其残余误差，其规则为：

1）当 n 为偶数时， $\left| \sum_{i=1}^{n} v_i \right| \leqslant \dfrac{n}{2} A$；

2）当 n 为奇数时， $\left| \sum_{i=1}^{n} v_i \right| \leqslant \left(\dfrac{n}{2} - 0.5 \right) A$。

其中，A 为实际求得的算术平均值 $\bar{x}$ 末位数的一个单位。

4. 判断系统误差

因为系统误差的数值往往比较大，所以必须清除系统误差的影响，才能有效地提高测量精度。为了消除或减小系统误差，必须采取有效方法发现系统误差。

根据测量的先后顺序，将测量列的残余误差列表或作图进行观察，判断有无系统误差。如图 1-13a 所示，若残余误差大体上是正负相同，且无显著变化规律，则无根据怀疑存在系统误差。如图 1-13b 所示，若残余误差数值有规律地递增或递减，且测量开始与结束时误差符号相反，则存在系统误差。如图 1-13c 所示，若残余误差符号有规律地逐渐由负变正、再由正变负，且循环交替重复变化，则存在周期性系统误差。如图 1-13d 所示，若残余误差按照图示规律变化，则应怀疑同时存在线性系统误差和周期性系统误差。

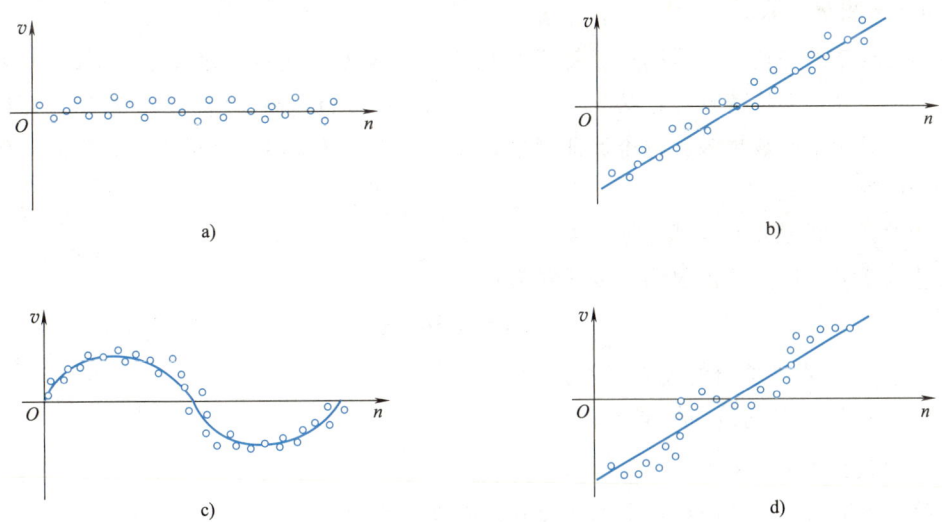

图 1-13　测量列残余误差

5. 求测量列单次测量的标准差

在等精度测量列中，单次测量的标准差贝塞尔（Bessel）公式为：

$$\sigma = \sqrt{\frac{\sum_{i=1}^{n} v_i}{n-1}} \tag{1-26}$$

6. 判别粗大误差

粗大误差的数值比较大,它会对测量结果产生明显的歪曲,一旦发现含有粗大误差的测量值,应将其从测量结果中剔除。

在判别某个测得值是否含有粗大误差时,要特别慎重,应做充分的分析,并根据判别准则予以确定。3σ 准则是最常用的判别粗大误差的准则,它是以测量次数充分大为前提,但通常测量次数皆较少,因此 3σ 准则只是一个近似的准则。

对于某一测量列,若各测得值只含有随机误差,则根据随机误差的正态分布规律,其残余误差落在 $\pm 3\sigma$ 以外的概率约为 0.3%,即在 370 次测量中只有一次残余误差 $|v_i|>3\sigma$。如果在测量列中发现有大于 3σ 的残余误差的测得值,即:

$$|v_i| > 3\sigma \tag{1-27}$$

则可以认为它含有粗大误差,应予以剔除。

7. 求算术平均值的标准差

算术平均值的标准差 $\sigma_{\bar{x}}$ 是表征同一被测量的各个独立测量列算术平均值分散性的参数,可作为算术平均值不可靠性的评定标准。

$$\sigma_{\bar{x}} = \frac{\sigma}{\sqrt{n}} \tag{1-28}$$

式中 $\sigma_{\bar{x}}$——算术平均值的标准差;

σ——测量标准差;

n——测量次数。

在 n 次测量的等精度测量列中,算术平均值的标准差为测量标准差的 $1/\sqrt{n}$,当测量次数 n 越大时,算术平均值越接近被测量的真值,测量精度也越高。增加测量次数,可以提高测量精度,但测量次数越多,越难保证测量条件的恒定,从而带来新的误差,因此一般情况下取 $n \leq 10$ 较为适宜。

8. 求算术平均值的极限误差

测量列算术平均值的极限误差表达式为:

$$\delta_{\lim}\bar{x} = \pm 3\sigma_{\bar{x}} \tag{1-29}$$

式中 $\delta_{\lim}$——算术平均值的极限误差;

$\sigma_{\bar{x}}$——算术平均值的标准差。

9. 写出最后的测量结果

最后的测量结果通常用算术平均值及其极限误差来表示,即:

$$x = \bar{x} + \delta_{\lim}\bar{x} = \bar{x} \pm 3\sigma_{\bar{x}} \tag{1-30}$$

例 1-4 等精度测量结果数据处理

等精度直接测量结果得到表 1-5 数据,假定无系统误差,按数据处理要求计算测量结果。

表 1-5　等精度直接测量结果数据

序号	x_i/mm	v_i/mm	v_i^2/mm^2
1	2.1	0.1	0.01
2	1.9	-0.1	0.01
3	2.0	0	0
4	1.8	-0.2	0.04
5	2.2	0.2	0.04
6	1.9	-0.1	0.01
7	2.1	0.1	0.01
8	2.0	0	0
9	2.1	0.1	0.01
10	1.9	-0.1	0.01
11	2.0	0	0
	$\sum_{i=1}^{11} x_i = 22$	$\sum_{i=1}^{11} v_i = 0$	$\sum_{i=1}^{11} v_i^2 = 0.14$

1) 求算数平均值。

$$\bar{x} = \frac{\sum_{i=1}^{n} x_i}{11} = \frac{\sum_{i=1}^{11} x_i}{11} = 2.0 \text{mm}$$

2) 求残余误差 $v_i = x_i - \bar{x}$，并列入表中。

3) 校核算数平均值及残余误差。因为 $\sum_{i=1}^{11} v_i = 0$ mm，所以算术平均值计算结果正确。

4) 判断系统误差。根据剩余误差观察法，由表 1-5 可以看出误差正负相同，且无显著变化规律，因此可以判断该测量列不系统误差存在。

5) 求标准差。由贝塞尔公式（1-26）可得：

$$\sigma = \sqrt{\frac{\sum_{i=1}^{n} v_i}{n-1}} = \sqrt{\frac{0.14}{11-1}} = 0.12 \text{mm}$$

6) 判别粗大误差。由 3σ 准则，得：$3\sigma = 3 \times 0.12 = 0.36$ mm。在测量列中，第 4 个和第 5 个测量值的残余误差的绝对值最大，而 $|v_4| = |v_5| = 0.2$ mm < 0.36 mm。所以，测得值不存在粗大误差。

7) 求算术平均值的标准差。由式（1-28）可得：$\sigma_{\bar{x}} = \frac{\sigma}{\sqrt{n}} = \frac{0.12}{\sqrt{11}} \approx 0.036$ mm

8) 求算术平均值的极限误差。由式（1-29）可得：$\delta_{\lim}\bar{x} = \pm 3\sigma_{\bar{x}} = \pm(3 \times 0.036) \approx 0.11$ mm

9) 写出最后的测量结果。由式（1-30）可得：$x = \bar{x} + \delta_{\lim}\bar{x} = \bar{x} \pm 3\sigma_{\bar{x}} = (2.0 \pm 0.11)$ mm

本 章 小 结

本章主要介绍了传感器的基本知识和测量基本知识两部分内容。

传感器与检测技术

传感器的基本知识主要包括：传感器的定义、组成、分类；传感器在自动控制系统中的作用；传感器的静态特性，测量范围和量程、灵敏度、线性度、迟滞、重复性、分辨力和阈值、漂移和稳定性等；传感器的动态特性，阶跃响应和频率响应。一般传感器的选用原则。

工业机器人传感器的特征；工业机器人传感器的分类及选用原则。

测量的基本知识包括：测量的定义及方法；测量的误差，误差的定义、来源及分类，测量的精度；测量误差的处理方法。

思 考 题

1. 什么是传感器？传感器的基本组成包括哪几部分？传感器各部分起什么作用？
2. 简述传感器在自动控制系统中的作用有哪些？
3. 传感器的静态特性指标有哪些？其具体含义是什么？
4. 工业机器人传感器的选择原则有哪些？
5. 试举出日常生活中所遇到的传感器，并说明它们的作用。
6. 什么是测量？测量的方法有哪些？
7. 某测温仪表测量范围 $0\sim500^\circ\!C$，精度等级 $A=1.0$，问：最大绝对误差 $\Delta_{x_m}=?$ 若用来测量 $200^\circ\!C$ 左右的温度，问最大相对误差为多少？
8. 等精度直接测量结果如表 1-6 所示，请按照数据处理步骤进行分析。

表 1-6 等精度直接测量结果

n	1	2	3	4	5	6	7	8	9	10
x_i	60.72	60.81	60.70	60.78	60.56	60.84	60.71	60.76	60.82	60.74

第 2 章 压力传感器

压力传感器是用来感应压力并按照一定规律将感应到的压力转换成可用输出信号的器件。根据工作原理不同，压力传感器有应变式、压电式、压阻式、电感式、电容式等类型；根据测量压力高低的不同，压力传感器有高压、中压、低压、微压和负压传感器；根据应用环境不同，压力传感器有一般型、防腐型、防爆型等类型。压力传感器通常与指示、调节、记录仪表等联合使用，组成各种自动调节控制系统，广泛应用于生产、生活和科学实验等各个领域。本章主要介绍电阻应变式传感器、压电式传感器、电感式传感器的结构原理及其应用。

2.1 电阻应变式传感器

电阻应变式传感器利用应变效应工作。将电阻应变片粘贴在各种弹性敏感元件上，加上相应的测量电路就可以检测力、力矩、位移等物理参数，电阻应变片是电阻应变式传感器的核心器件。这种传感器具有结构简单、体积小、重量轻、精度高、性能稳定、测量范围宽等特点，在机械、电力、化工、建筑、航空等领域都有十分广泛的应用。几种电阻应变式传感器的外形如图 2-1 所示。

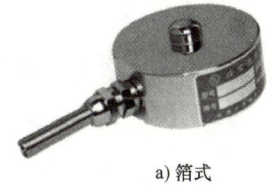
a) 筒式

b) 悬臂梁式

c) S形拉压式

图 2-1 应变式电阻传感器的外形图

2.1.1 电阻的应变效应

1. 应变效应

电阻应变式传感器利用"应变效应"进行工作。导体或半导体材料在外力作用下产生机械形变时，其电阻值也发生相应变化的现象称为应变效应。

设有一根长度为 l、截面积为 R、电阻率为 ρ 的金属丝，其电阻 R 为：

$$R = \rho \frac{l}{S} \tag{2-1}$$

经推导，可得到：

传感器与检测技术

$$\frac{\Delta R}{R} = \left(1 + 2\mu + \frac{\Delta \rho/\rho}{\Delta l/l}\right)\frac{\Delta l}{l} = K_s \varepsilon \tag{2-2}$$

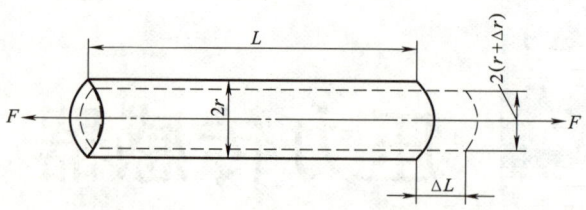

图 2-2 金属电阻丝的电阻应变效应

式中 K_s——金属丝的应变灵敏系数，其物理意义为单位应变引起的电阻相对变化。显然，K_s 越大，单位形变引起的电阻相对变化越大。

K_s 由两部分组成，前一部分是 $(1+2\mu)$，由材料的几何尺寸变化引起；后一部分为 $(\Delta\rho/\rho)/(\Delta l/l)$，对于金属应变片而言，$(\Delta\rho/\rho)/(\Delta l/l)$ 应为零；对于半导体应变片而言，$(\Delta\rho/\rho)/(\Delta l/l) = \lambda E$，$\lambda$ 为压阻系数，E 为杨氏模量。

实验表明，在金属丝拉伸比例极限内，电阻相对变化 $\Delta R/R$ 与轴向应变 ε 成正比，通常 K_s 在 1.8~3.6 范围内。

$$\frac{\Delta R}{R} = K_s \varepsilon \tag{2-3}$$

应该指出，将直线金属丝做成敏感栅之后，电阻—应变特性就不再呈直线了，因此必须按照规定的统一标准重新用实验测定。

> **刨根问底：公式（2-2）是如何推导出来的？**
>
> 如图 2-2，对 $R = \rho l/S$ 两边取对数，得：
>
> $$\ln R = \ln\rho + \ln l - \ln S \tag{2-4}$$
>
> 等式两边取微分，得：
>
> $$\frac{dR}{R} = \frac{d\rho}{\rho} + \frac{dl}{l} - \frac{dS}{S} \tag{2-5}$$
>
> 式中 dR/R——电阻的相对变化；
> $d\rho/\rho$——电阻率的相对变化；
> dl/l——金属丝长度相对变化，用 ε 表示，$\varepsilon = dl/l$，称为金属丝长度方向上的应变或轴向应变；
> dS/S——截面积的相对变化。
>
> 由 $S = \pi r^2$ 得：
>
> $$\frac{dS}{S} = 2\frac{dr}{r} \tag{2-6}$$
>
> 式中 dr/r——金属丝半径的相对变化，即径向应变为 ε_x。
>
> 由材料力学知，金属丝受拉时，沿轴向伸长，沿径向缩短，二者之间应变的关系为：
>
> $$\varepsilon_x = -\mu\varepsilon \tag{2-7}$$
>
> 式中 μ——金属丝材料的泊松系数。
>
> 将式（2-5）代入式（2-3），可以得到：
>
> $$\frac{dR}{R} = \frac{d\rho}{\rho} + \frac{dl}{l}(1+2\mu) = \frac{d\rho}{\rho} + \varepsilon(1+2\mu) \tag{2-8}$$

将微分 dR、dρ 改写成增量 ΔR、$\Delta \rho$，即可得到：

$$\frac{\Delta R}{R}=\left(1+2/\mu+\frac{\Delta \rho/\rho}{\Delta l/l}\right)\frac{\Delta l}{l}=K_s\varepsilon$$

2. 弹性敏感元件

由弹性材料制成的敏感元件称为弹性敏感元件。在传感器的工作过程中常采用弹性敏感元件把力、压力、力矩、振动等被测参量转换成应变量或位移量，然后再通过各种转换元件把应变量或位移量转换成电量。弹性敏感元件决定着传感器的测量范围、灵敏度、精确度和稳定性，是传感器技术中应用最广泛的元件之一。

弹性敏感元件在形式上分为两大类，分别为变换力的弹性敏感元件和变换压力的弹性敏感元件。

（1）变换力的弹性敏感元件

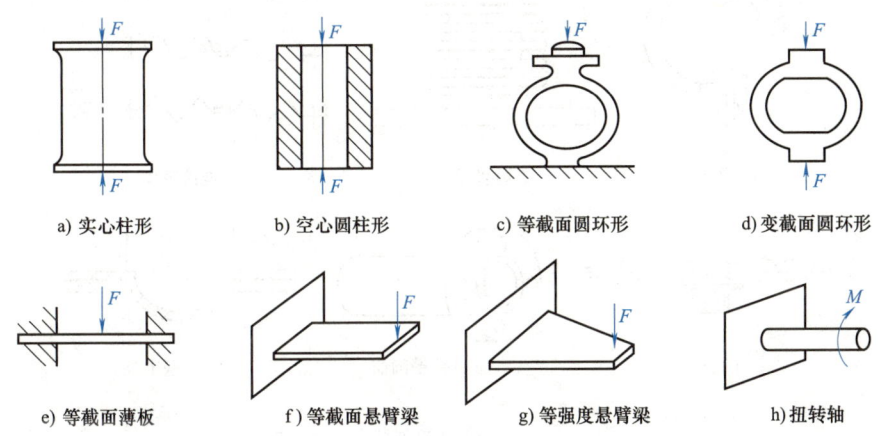

图 2-3 变换力的弹性敏感元件

等截面圆柱式弹性敏感元件，根据截面形状可分为实心圆截面形状及空心圆截面形状等，如图 2-3a、b 所示。它们结构简单，可承受较大的载荷，便于加工。实心圆柱形的可测量大于 10kN 的力，而空心圆柱形的只能测量 1~10kN 的力。圆柱的应变大小决定于圆柱的结构、横截面积、材料性质和圆柱所承受的力，而与圆柱的长度无关；空心的圆柱弹性敏感元件在某些方面要优于实心元件，但是空心圆柱的壁太薄时，受压力作用后将产生较明显的圆筒变形而影响测量精度。

圆环式弹性敏感元件比圆柱式输出的位移量大，因而具有较高的灵敏度，适用于测量较小的力。但它的工艺性较差，加工时不易得到较高的精度。由于圆环式弹性敏感元件各变形部位应力不均匀，采用应变片测力时，应将应变片贴在其应变最大的位置上。圆环式弹性敏感元件的形状如图 2-3c、d 所示。

等截面薄板式弹性敏感元件如图 2-3e 所示。由于它的厚度比较小，故又称它为膜片。当膜片边缘固定，膜片的一面受力时，膜片产生弯曲变形，因而产生应变。在应变处贴上应变片，就可以测出应变量，从而可测得作用力的大小。

悬臂梁式弹性敏感元件如图 2-3f、g 所示，它一端固定，一端自由，结构简单，加工方便，应变和位移较大，适用于测量 1~5kN 的力。图 2-3f 为等截面悬臂梁，其上表面受拉伸，下表面受压缩，由于其表面各部位的应变不同，所以应变片要贴在合适的部位，否则将影响测量的精度。图 2-3g 为变截面等强度悬臂梁，它的厚度相同，但横截面不相等，因而沿悬臂梁长度方向任一点的应变都相等，这给贴放应变片带来了方便，也提高了测量精度。

扭转轴式弹性敏感元件如图 2-3h 所示，是一个专门用来测量扭矩的弹性元件。扭矩是一种力矩，其大小用转轴与作用点的距离和力的乘积来表示。扭转轴弹性敏感元件主要用来制作扭矩传感器，它利用扭转轴弹性体把扭矩变换为角位移，再把角位移变换为电信号输出。

（2）变换压力的弹性敏感元件

这类弹性敏感元件常见的有弹簧管、波纹管、波纹膜片、膜盒和薄壁圆筒等。它可以把流体产生的压力变换成位移量输出。

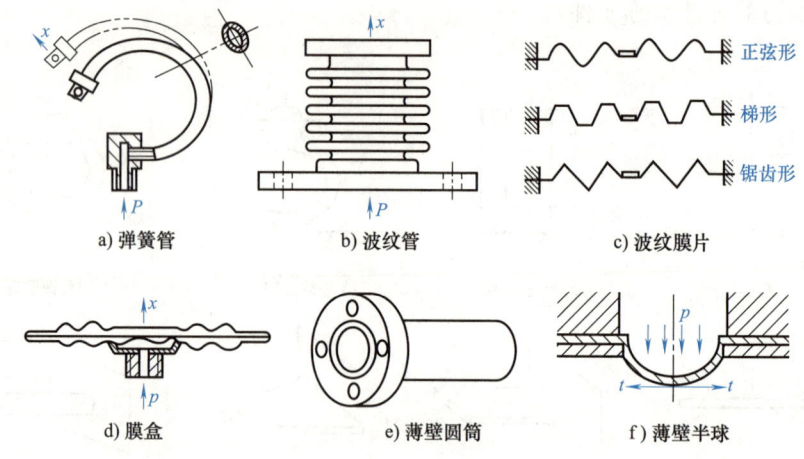

图 2-4 变换压力的弹性敏感元件

弹簧管是一端封闭的特种成形管，用弹性材料制作，当管内和管外承受不同压力时，则在其弹性极限内产生变形。弹簧管可弯成 C 形或螺旋形等形状。它的自由端可以移动，开口端固定。管中通入流体后，在流体压力作用下，弹簧管发生变形，自由端产生线位移或角位移。常见的截面形状有椭圆形、扁形、圆形。其中扁管适用于低压，圆管适用于高压。

波纹管的轴向在流体压力作用下极易变形，有较高的灵敏度。在形变允许范围内，管内压力与波纹管的伸缩力成正比，利用这一特性，可以将压力转换成位移量。

薄壁圆筒型弹性敏感元件，其薄壁圆筒可将气体压力转换为应变，受力分析如图 2-5 所示。薄壁圆筒内腔与被测压力相通时，内壁均匀受压，薄壁无弯曲变形，只是均匀地向外扩张。它的应变与圆筒的长度无关，而仅取决于圆筒的半径、厚度和弹性模量，而且轴线方向应变与圆周方向应变不相等。

2.1.2 电阻应变片的分类及结构

1. 电阻应变片的结构

此处重点介绍金属电阻应变片的结构。如图 2-6 所示，

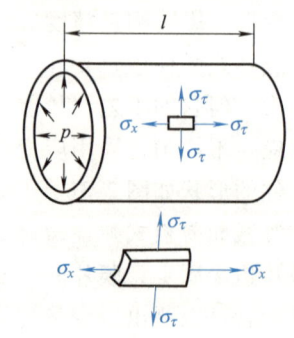

图 2-5 薄壁圆筒受力分析图

它由敏感栅、基底、盖片、引线四部分组成。敏感栅是转换元件,由金属丝、金属箔制成,它被粘贴在基底上;基底起到绝缘和支撑的作用;盖片起绝缘保护的作用;引线焊接于敏感栅两端,用于连接测量导线。

2. 电阻应变片的分类

电阻应变片的种类繁多,按电阻丝的材料可分为金属电阻应变片和半导体应变片,根据敏感栅材料形状和制造工艺的不同,金属电阻应变片又可分为丝式、箔式和薄膜式。其中金属丝式应变片使用最早、最多,因其制作简单、性能稳定、价格低廉、易于粘贴而被广泛使用。此处主要介绍金属应变片。

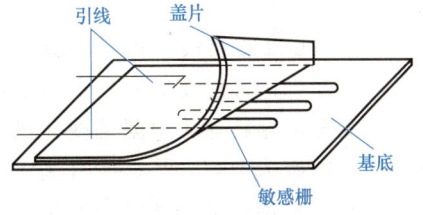

图 2-6 金属电阻应变片结构示意图

(1) 金属丝式应变片

金属丝式应变片有回线式和短接式两种,如图 2-7 所示。回线式最为常用,制作简单,性能稳定,成本低,易粘贴,但其应变横向效应较大。短接式应变片两端用直径比栅线直径大 5~10 倍的镀银丝短接,优点是克服了横向效应,但制造工艺复杂。图 2-7a 是回线式,图 2-7b、c 是短接式。

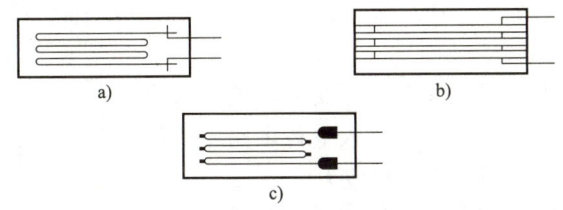

图 2-7 金属丝式应变片的类型

按照基底材料不同,金属丝式应变片又可分为纸基型和胶基型。纸基应变片生产工艺简单,粘贴方便,但热稳定性和防潮性差,适于 60℃ 以下干燥条件下短期测试。胶基应变片的防潮性能好,使用温度可达 80~100℃,适于环境湿度大、测试时间较长的情况。

(2) 箔式应变片

箔式应变片是利用照相制版或光刻技术将厚约 0.003~0.01mm 的金属箔片制成所需图形的敏感栅。箔式应变片的优点很多,可制成多种形状复杂、尺寸准确的敏感栅,以适应不同的测量要求;与被测件粘贴面积大,散热条件好,允许电流大,提高了输出灵敏度;横向效应小;蠕变和机械滞后小,疲劳寿命长。缺点是电阻值的分散性比金属丝的大,有的相差几十欧姆,需做阻值调整。在常温下,金属箔式应变片已逐步取代了金属丝式应变片。图 2-8 是金属箔式应变片的几种类型。

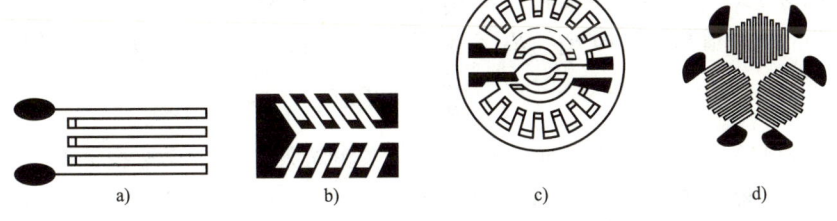

图 2-8 金属箔式应变片的类型

（3）薄膜应变片

薄膜应变片是采用真空蒸发或真空沉淀等方法在薄的绝缘基片上形成 0.1μm 以下的金属电阻薄膜的敏感栅，最后再加上保护层。它的优点是应变灵敏度系数大，允许电流密度大，工作范围广。

2.1.3 电阻应变式传感器的测量电路

应变片将试件应变 ε 转换成电阻的相对变化 $\Delta R/R$，为了能用电测仪表进行测量，还必须经过测量电路将这种电阻的变化进一步转换成电压或电流信号。常用的测量电路是电桥电路。根据所用电源不同，电桥分为直流电桥和交流电桥。四个桥臂均为纯电阻时，用直流电桥精度高。若桥臂为阻抗时，必须用交流电桥。根据读数方法不同，电桥可以分为平衡电桥与不平衡电桥，平衡电桥仅适用于静态参数的测量，而不平衡电桥对静态、动态参数都可以测量。

在实际应用中，多数采用交流电桥，原因有两点：其一，电桥输出一般很小（mV 数量级），需要用放大器放大，而直流放大器容易产生零点漂移，故目前多采用交流放大器；其二，应变片与电桥采用电缆连接，当电缆分布电容的影响不能忽略时，必须采用交流电桥。

1. 直流电桥

将电阻应变片粘贴于待测构件上，应变片电阻将随构件应变而改变。一般是将应变片电阻接入电桥电路中，使其转换为电流或电压输出，即可测出相应力值。

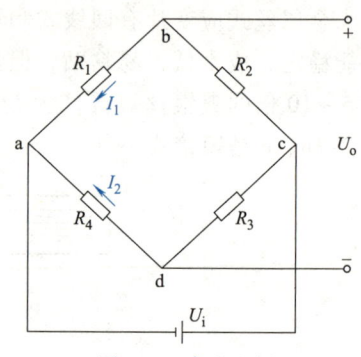

图 2-9 直流电桥

图 2-9 所示为一直流电桥，根据电路理论计算可知：

$$U_o = \frac{R_1 R_3 - R_2 R_4}{(R_1 + R_2)(R_3 + R_4)} U_i \qquad (2-9)$$

若使此电桥平衡，即 $U_o = 0$，只要 $R_1 R_3 - R_2 R_4 = 0$ 即可实现。

假设四个桥臂的电阻值相同，即 $R_1 = R_2 = R_3 = R_4 = R$，且电阻产生的变化量均为 ΔR，结合公式 $\Delta R/R = K_s \varepsilon$，则对于如图 2-10a 所示的单臂直流电桥电路，若只有一只电阻产生 ΔR 的变化，则输出电压为：

$$U_o = \frac{1}{4} \frac{\Delta R}{R} U_s = \frac{1}{4} K_s \varepsilon U_i \qquad (2-10)$$

对于如图 2-10b 所示的双臂直流电桥电路，若 R_1 产生正 ΔR 的变化，R_2 产生负 ΔR 的变化，且变化的绝对值相等，则输出电压为：

$$U_o = \frac{1}{2} \frac{\Delta R}{R} U_i = \frac{1}{2} K_s \varepsilon U_i \qquad (2-11)$$

对于如图 2-10c 所示的全桥电路，若 R_1、R_3 产生正 ΔR 的变化，R_2、R_4 产生负 ΔR 的变化，且 ΔR 的绝对值相等，即 R_1、R_3 产生正应变，R_2、R_4 产生负应变，则输出电压为：

$$U_o = \frac{\Delta R}{R} U_i = K_s \varepsilon U_i \qquad (2-12)$$

对比式（2-11）、式（2-12）和式（2-13），在相同条件下（供电电源和应变片型号不变），双臂直流电桥电路的输出是单臂直流电桥电路输出的 2 倍，全桥电路的输出是单臂直流电桥电路输出的 4 倍，即全桥工作时，输出电压最大，检测的灵敏度最高。

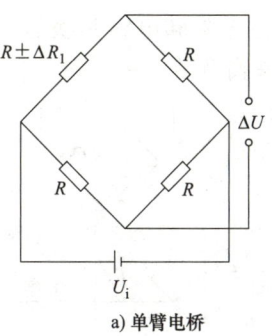 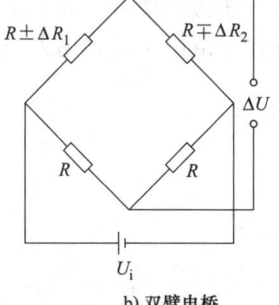 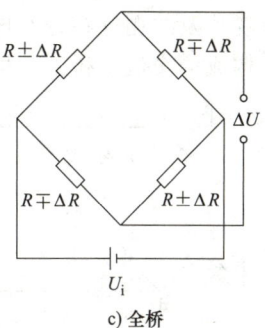

a) 单臂电桥　　　　　　　b) 双臂电桥　　　　　　　c) 全桥

图 2-10　直流电桥的接桥方式

刨根问底：公式（2-11）是如何推导出来的？

当电桥的四臂 R_1、R_2、R_3、R_4 皆产生电阻变化 ΔR_1、ΔR_2、ΔR_3、ΔR_4 时，则式（2-10）可变为：

$$U_o = \frac{(R_1 + \Delta R_1)(R_3 + \Delta R_3) - (R_2 + \Delta R_2)(R_4 + \Delta R_4)}{(R_1 + \Delta R_1 + R_2 + \Delta R_2)(R_3 + \Delta R_3 + R_4 + \Delta R_4)} U_i \tag{2-13}$$

由于 ΔR 远远小于 R，在分母中的 ΔR 可忽略，在分子中的 ΔR 的高次项也可忽略，又考虑到电桥的初始是平衡的，则电桥的输出电压为：

$$U_o = \frac{R_1 \Delta R_3 + R_3 \Delta R_1 - R_2 \Delta R_4 + R_4 \Delta R_2}{(R_1 + R_2)(R_3 + R_4)} U_i \tag{2-14}$$

对于等臂电桥，即 $R_1 = R_2 = R_3 = R_4 = R$，则式（2-14）可以写成：

$$U_o = \frac{1}{4}\left(\frac{\Delta R_1}{R} + \frac{\Delta R_3}{R} - \frac{\Delta R_2}{R} - \frac{\Delta R_4}{R}\right) U_i \tag{2-15}$$

由于 $\Delta R/R = K_s \varepsilon$，则式（2-15）可写成

$$U_o = \frac{1}{4} K_s (\varepsilon_1 + \varepsilon_3 - \varepsilon_2 - \varepsilon_4) U_i \tag{2-16}$$

对于如图 2-10a 所示的单臂直流电桥电路，若只有一只电阻产生 ΔR 的变化，即可得到输出电压为

$$U_o = \frac{1}{4} \frac{\Delta R}{R} U_S = \frac{1}{4} K_s \varepsilon U_i$$

2. 交流电桥

交流电桥采用交流电源供电，其四个桥臂可为电阻、电容或电感，因此电桥四个桥臂需以阻抗 Z_1、Z_2、Z_3、Z_4 表示，电表的阻抗也需以 Z_g 表示。按照直流电桥的推导方法，同样可导出交流电桥的输出公式。交流电桥的一般形式如图 2-11 所示。

交流电桥的输出电压为：

$$u_o = u_s \frac{Z_1 Z_3 - Z_2 Z_4}{(Z_1 + Z_2)(Z_3 + Z_4)} \tag{2-17}$$

交流电桥平衡的条件为：

$$Z_1 Z_3 = Z_2 Z_4 \tag{2-18}$$

双臂电桥如图 2-12 所示，其中两个桥臂由应变片组成，另外两个桥臂是精密无感电阻，

考虑到应变片及线栅存在分布电容,所以两应变片可以看作由电阻和电容并联的阻抗组成。由应变片构成的交流电桥上一般设置有电阻平衡调节和电容平衡调节。

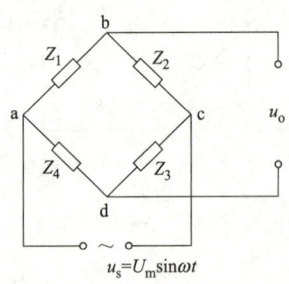

图 2-11　交流电桥

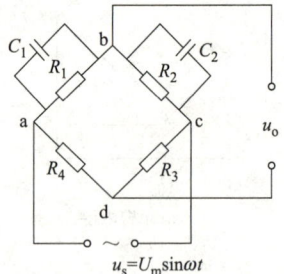

图 2-12　应变片构成的交流电桥

2.1.4　温度误差及其补偿

由于测量现场环境温度的改变而给测量带来的附加误差,称为应变片的温度误差。产生应变片温度误差的主要因素有两个,一是电阻温度系数的影响,二是试件材料和电阻丝材料的线膨胀系数的影响。当试件与电阻丝材料的线膨胀系数相同时,不论环境温度如何变化,电阻丝的变形仍和自由状态一样,不会产生附加变形。当试件和电阻丝线膨胀系数不同时,由于环境温度的变化,电阻丝会产生附加变形,从而产生附加电阻。

应变片电阻丝的电阻与温度的关系为:

$$R_t = R_0(1 + \alpha \Delta t) = R_0 + R_0 \alpha \Delta t \tag{2-19}$$

式中　R_t——温度为 t 时的电阻值;
　　　R_0——温度为 t_0 时的电阻值;
　　　Δt——温度变化值;
　　　α——敏感栅材料电阻温度系数。

经推导,由温度变化造成的电阻相对变化量为:

$$\frac{\Delta R}{R_0} = \alpha \Delta t + K(\beta_e - \beta_g)\Delta t \tag{2-20}$$

式中　ΔR——由温度变化造成的电阻变化量;
　　　K——金属丝的灵敏系数;
　　　β_e——试件(弹性元件)线膨胀系数;
　　　β_g——敏感栅(应变丝)材料线膨胀系数。

由式(2-20)可知,当温度变化时(试件不受外力作用),粘贴在试件表面的应变片会产生温度效应,其输出的大小与敏感栅材料电阻温度系数 α、敏感栅材料线膨胀系数 β_g 及试件线膨胀系数 β_e 有关。

目前常用的补偿方法有三种,分别是桥式电路补偿法、单丝自补偿法和双丝组合式自补偿法。

(1) 桥式电路补偿法(补偿片法)

测量时应变片是作为平衡桥的一个臂参与测量应变的。图 2-13 中 R_1 为工作片,R_2 为补偿片。工作片 R_1 粘贴在被测物体需测量应变的位置上,补偿片 R_2 粘贴在一块不受应力作用但却与被测物体材料相同的补偿块上,并且处于和被测物体相同的温度环境中(如图 2-13b 所示)。由于 R_1 和 R_2 分别接在电桥相邻的两个臂上(如图2-13a所示),此时因温度变化而引起的电阻变化 ΔR_1 和 ΔR_2 的作用可相互抵消,从而起到温度补偿的作用。

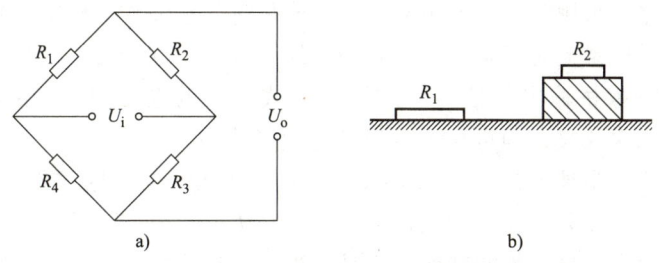

图 2-13　桥式电路补偿法

（2）单丝自补偿法

采用特殊应变片粘贴在被测部位上，在温度发生变化时使所产生的附加应变为零或相互抵消，即可达到补偿目的。

由式（2-21）可知，在试件不受外力的情况下环境温度改变时，若电阻相对变化量为零，则可达到温度补偿的目的。即：

$$\frac{\Delta R}{R_0} = \alpha \Delta t + K(\beta_e - \beta_g)\Delta t = 0 \qquad (2\text{-}21)$$

因此可得：

$$\alpha = -K(\beta_e - \beta_g) \qquad (2\text{-}22)$$

根据式（2-22）来选择合适的敏感栅材料，即可实现温度自补偿。单丝自补偿应变片结构简单，使用方便，但对试件的线膨胀系数要求较高，局限性较大。

（3）双丝组合式自补偿法

这种应变片由两种电阻温度系大小相等、数符号相反（一个为正，一个为负）的电阻丝材料组成，将两者串联绕制成敏感栅，两段敏感栅由于温度变化而产生的电阻变化大小相等、符号相反，即可实现温度补偿。

2.1.5　电阻应变式传感器应用实例

电阻应变式传感器应用范围很广，主要用于检测力、压力、加速度等参数。此处需要注意，在采用应变片进行物理量的测量时，由于测量现场环境温度的改变，会给测量带来附加误差，在实际测量时，必须进行温度补偿。

1. 应变式测力传感器

被测物理量为荷重或力的应变式传感器时，统称为应变式测力传感器。其主要用途是作为各种电子秤与材料实验机的测力元件，要求有较高的灵敏度和稳定性，当传感器受到侧向作用力或力的作用点少量变化时，不应对输出有明显的影响。

（1）柱（筒）式力传感器

柱式传感器是称重（或测力）传感器应用较普遍的一种形式。它分为柱形和圆筒形两种，如图 2-14a、b 所示。应变片一般对称地贴在应力均匀的圆柱表面的中间部分，可对称地粘贴多片，构成差动式，提高了灵敏度，横向粘贴的应变片同时作为温度补偿。

（2）悬臂梁式传感器

悬臂梁式传感器是一种高精度、抗偏、抗侧性能优

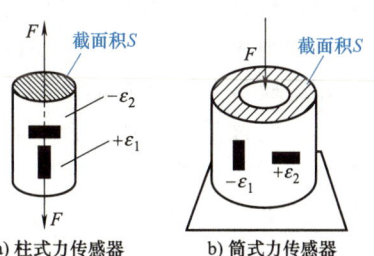

图 2-14　柱（筒）式力传感器

越的称重测力传感器。采用弹性梁及电阻应变片作敏感转换元件,组成全桥电路。当垂直正压力或拉力作用在弹性梁上时,电阻应变片随金属弹性梁一起变形,其应变使电阻应变片的阻值变化,因而应变电桥输出与拉力(或压力)成正比的电压信号。配以相应的应变仪、数字电压表或其他二次仪表,即可显示或记录重量(或力)。

悬臂梁式传感器有多种形式,如图 2-15a 所示为等截面梁,悬臂梁的横截面处处相等。当外力作用在梁的自由端时,在固定端产生的应变最大。

如图 2-15b 所示为等强度梁的结构,它是一种特殊形式的悬臂梁。其特点是:沿梁长度方向的截面按一定规律变化,当集中力 P 作用在梁端三角形顶点时,在梁表面整个长度 L 方向上产生的应变大小相等,与贴片位置无关。这种梁的优点是在长度方向上粘贴应变片的要求不严格。

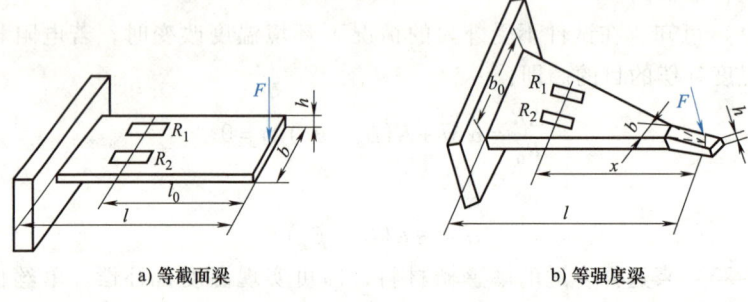

a) 等截面梁　　　　　　　　　b) 等强度梁

图 2-15　悬臂梁式传感器

2. 应变式加速度传感器

以上介绍的是力直接作用在弹性元件上,将力变为应变。然而加速度是运动参数,所以首先要经过质量弹簧的惯性系统将加速度转换为力 F,再作用于弹性元件上。

应变式加速度传感器的结构如图 2-16 所示,在等强度梁 2 的一端固定惯性质量块 1,梁的另一端用螺钉固定在壳体 6 上,在梁的上、下两面粘贴应变片 5,梁和惯性块的周围充满阻尼液(硅油),用以产生必要的阻尼。测量时,将传感器壳体和被测对象刚性连接。当有加速度作用在壳体上时,由于梁的刚度很大,惯性质量也以同样的加速度运动,其产生的惯性力正比于加速度 a 的大小($F = ma$),惯性力作用在梁的端部使梁产生变形,限位块 4 的作用是保护传感器在过载时不被破坏。这种传感器在低频振动测量中得到了广泛的应用。

3. 应变式传感器在机器人中的应用

目前,应变式传感器作为一种力传感器,在机器人传感系统中得到了广泛应用。力传感器属于机器人的内部传感器,通常安装在机器人的手指、四肢及关节处,用来检测机器人在运动过程中所产生的力,如腕力、关节力、指力等。主要应用在电气、电子零件、汽车零件等组装、嵌套、检查工程领域所用到的工业机器人中,是工业机器人重要的传感器之一。力传感器的传感元件大多使用应变片,将这种传感器件安装于弹性结构的被检测处,就可直接地或通过计算机检测具有多维的力和力矩。

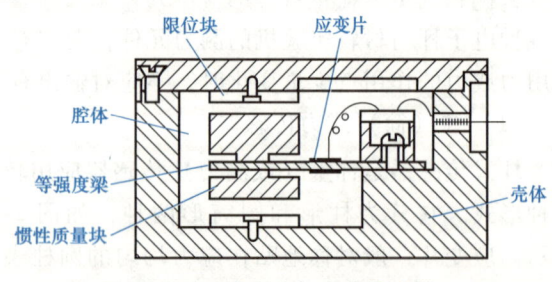

图 2-16　应变式加速度传感器

装在末端执行器和机器人最后一个关节之间的力传感器,称为腕力传感器,是机器人力觉传感器中的一种。国际斯坦福研究所(Stanford Research Institute,简称 SRI)研制的六维腕力传感器,如图 2-17 所示。它由一只直径为 75mm 的铝管铣削而成,具有 8 个窄长的弹性梁,每个梁的颈部只传递力,扭矩作用很小。梁的另一头贴有应变片。图中从 P_{x+} 到 Q_{y-} 代表了 8 根应变梁的变形信号的输出。

机器人手指部分的握力控制,可以采用将应变片直接粘贴于手指根部的检测方法。为了消除手指与外界物体接触时的冲击力,或实现微小的握力,在两个手指式的钳形机构中,通常采用 PID 算法构成闭环反馈控制系统。

图 2-18 是脉冲电动机的指力传感器。在图 2-18 所示的结构中,由脉冲电动机通过螺旋弹簧去驱动机器人的手指。所检测出的螺旋弹簧的转角与脉冲电动机转角之差即为变形量,从而也就可以知道手指所产生的力。手指部分的应变片,是一种控制力量大小的器件,对这种手指可以控制它,令其完成搬运之类的工作。

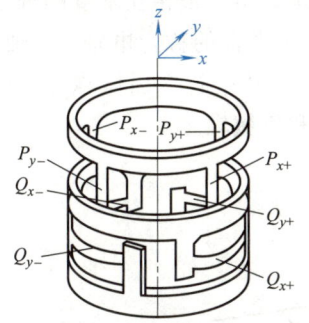

图 2-17 SRI 腕力传感器应变片连接方式

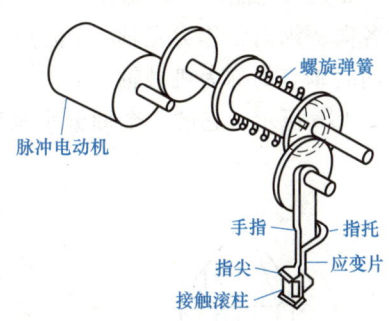

图 2-18 脉冲电动机的指力传感器

2.2 压电式传感器

压电式传感器是利用压电材料的压电效应,将压力转换为与其成一定关系的电信号输出的传感器,是一种典型的有源传感器(或自发电型传感器),能够测量应力、压力、加速度等动态参数。压电传感器具有结构简单、体积小、质量轻、灵敏度高、工作可靠、测量范围广等优点。

2.2.1 压电式传感器的工作原理

1. 压电效应

当沿着一定方向对某些电介质施加外力作用时,电介质会发生变形,内部便会产生极化现象,在其上下表面会产生符号相反的等量电荷,外力消失后又重新回到不带电状态,这种现象称为压电效应(或称为"正向压电效应")。反之,若在电介质的极化方向上施加外电场,其几何尺寸也会发生变化,当去掉外加电场,电介质形变随之消失,这种现象称为逆压电效应(或称为"电致伸缩效应")。

2. 压电材料的选用原则

选用压电材料应考虑以下几方面的问题:

1)转换特性:较大的压电系数,以使压电传感器具有较高的灵敏度;

2) 机械特性：较高的强度与刚度，以获得较宽的线性范围和较高的固有频率；

3) 电气特性：较高的电阻率和较大的介电常数，以削弱外部引线分布电容的影响；

4) 温度特性：较高的居里点（压电材料是否具有压电效应的相应温度点），以获得较宽的温度范围。

2.2.2 压电材料的压电效应

目前常用的压电材料有石英晶体、压电陶瓷和高分子压电材料。下面分别介绍以上三种压电材料及其压电效应。

1. 石英晶体及其压电效应

石英晶体是一种性能良好的压电晶体，有天然和人造两种，化学式为 SiO_2，为单晶体结构。它的突出优点是性能稳定，介电常数与压电系数的温度稳定性非常好，在 20～200℃ 范围内，其压电系数几乎不变；且居里点高，达到 575℃；具有很高的机械强度和稳定的力学性能。缺点是价格较贵。

图 2-19a 是天然晶体的外形图，它为规则的六角棱柱体。用三条相互垂直的轴来表示石英晶体的各向，纵向轴称为光轴（z 轴）；经过棱线并垂直于光轴的称为电轴（x 轴）；与光轴、电轴同时垂直的称为机械轴（y 轴）。从晶体上切下的一片平行六面体称为压电晶体切片，如图 2-19b 所示，它的六个面分别垂直于光轴、电轴和机械轴。

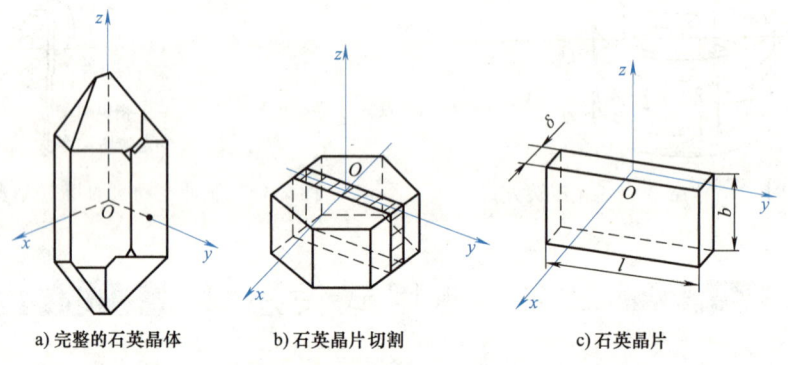

a) 完整的石英晶体　　b) 石英晶片切割　　c) 石英晶片

图 2-19　石英晶体切片

在晶体的弹性限度内，在 x 轴方向上施加压力 F_x 时，电荷出现在与 x 轴垂直的平面上，此时的压电效应称为纵向压电效应，电荷量可以表示为

$$Q = dF_x \tag{2-23}$$

式中，d——纵向压电常数。

由式（2-23）可知，纵向压电效应与晶片的尺寸无关。

沿 y 轴方向施加压力时，电荷仍然出现在与 x 轴垂直的平面上，此时的压电效应称为横向压电效应，其电荷量为

$$Q = -d\frac{l}{\delta}F_y \tag{2-24}$$

式中　l、δ——分别为石英晶片的长度与厚度。

从（2-24）式可知，沿机械轴方向的力作用在晶体上时，产生的电荷与晶体切面的几何尺寸有关，式中的负号说明沿机械轴的压力引起的电荷极性与沿电轴的压力引起的电荷极性恰好相反。

当沿着 z 轴方向受力时不产生压电效应。

2. 压电陶瓷及其压电效应

压电陶瓷是一种人工制造的多晶压电材料，与石英晶体相比，压电陶瓷的压电系数很高，具有烧制方便、耐湿、耐高温、易于成形等特点，制造成本很低。压电陶瓷由无数细微的电畴组成。在无外电场时，各电畴杂乱分布，其极化效应相互抵消，因此原始的压电陶瓷不具有压电特性。为了使压电陶瓷具有压电效应，必须对其进行极化处理。图 2-20 所示为压电陶瓷的极化。所谓极化处理，就是在一定的高温（100～170℃）下，对两个极化面加高压电场进行人工极化后，陶瓷体内部保留有很强的剩余极化强度，当沿极化方向（定为 z 轴）施力时，则在垂直于该方向的两个极化面上产生正、负电荷，其电荷量 Q 与力 F 成正比，即：

$$Q = d_{33}F \qquad (2-25)$$

式中　d_{33}——纵向压电系数。

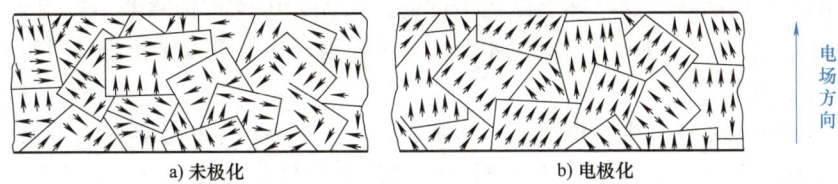

图 2-20　压电陶瓷的极化

3. 高分子压电材料

某些合成高分子聚合物薄膜经延展拉伸和电场极化后，具有一定的压电性能，这类薄膜称为高分子压电薄膜。目前出现的压电薄膜有聚偏氟乙烯 PVDF、聚氟乙烯 PVF、聚氯乙烯 PVC 等。这些是柔软的压电材料，不易破碎，可以大量生产和制成较大的面积。

压电薄膜具有很强的压电特性，同时还具有类似铁电晶体的迟滞特性和热释电特性，因此广泛应用于压力、加速度、温度、声和无损检测等领域。尤其在医学领域中，由于它与人体声阻抗十分接近，无须变换阻抗，且便于和人体贴紧接触，安全舒适、灵敏度高、频带宽，广泛用于脉搏计、血压计、起搏计、生理移植和胎心音探测器等传感元件。高分子压电薄膜还具有很好的柔性和加工性能，可制成有不同厚度和形状各异的大面积有挠性的膜，适于做大面积的传感阵列器件。

2.2.3　压电式传感器的测量电路

1. 压电元件的等效电路

当压电元件受力时，会在两个电极表面上产生等量而极性相反的电荷，相当于一个电荷源；两个电极之间是绝缘的压电介质，因此它又相当于一个以压电材料为介质的电容器，其电容值为 C_a。因此，压电元件可以等效为一个电压源 U_a 与一个电容 C_a 相串联的等效电路，如图 2-21a 所示；也可以把压电元件等效为一个电荷源 q 与一个电容 C_a 相并联的等效电路，如图 2-21b 所示。

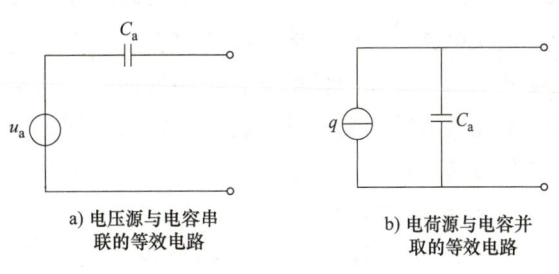

a) 电压源与电容串联的等效电路　　b) 电荷源与电容并联的等效电路

图 2-21　压电元件的等效电路

传感器与检测技术

压电式传感器在实际使用时，总是与二次仪表配套或与测量电路相连，因此就要考虑连接电缆电容 C_c、放大器的输入电阻 R_i 和输入电容 C_i，以及传感器的泄漏电阻 R_a。这样压电传感器的实际等效电路如图 2-22 所示。

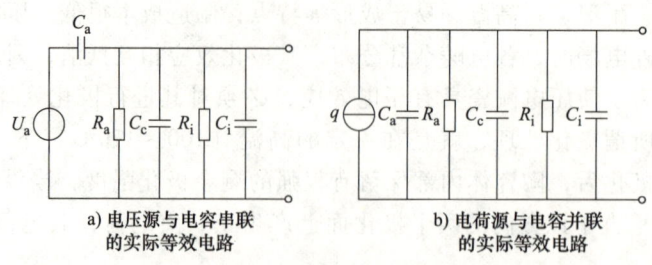

图 2-22　压电传感器的实际等效电路

外力作用在压电传感元件上所产生的电荷只有在无泄漏的情况下才能保存，即需要测量回路具有无限大的内阻抗，这实际上是达不到的。因此，压电式传感器不能用于静态测量。压电元件只有在交变力的作用下，电荷才能源源不断地产生，可以供给测量回路以一定的电流，故只适用于动态测量。

此外，单片压电元件产生的电荷量非常微弱，为了提高压电传感器的输出灵敏度，在实际应用中常采用将两片（或两片以上）同型号的压电元件粘结在一起。由于压电材料的电荷是有极性的，因此接法也有两种，即并联和串联，如图 2-23 所示。

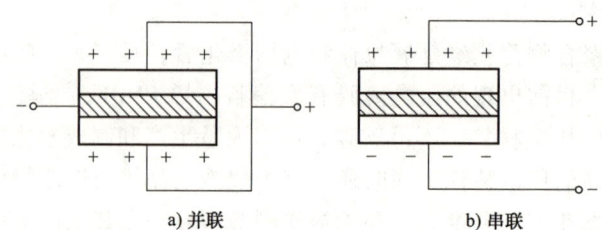

图 2-23　压电元件的并联与串联

并联时，$q'=2q$；$U'=U$；$C'=2C$，传感器的电容量大、输出电荷量大，故这种传感器适用于测量缓变信号及以电荷量作为输出信号的场合。串联时，$q'=q$；$U'=2U$；$C'=1/2C$，传感器本身的电容量小、输出电压大，故这种传感器适用于测量电路输入阻抗很高及以电压作为输出信号的场合。

2. 压电式传感器的测量电路

压电式传感器要求与高输入阻抗的前置放大电路配合，然后再接一般的放大、检波、显示、记录电路。压电式传感器的前置放大器有电荷放大器和电压放大器两种形式，作用有两点，一是把传感器的高阻抗输出变为低阻抗输出，二是把传感器的微弱信号进行放大。

（1）电荷放大器

电荷放大器实际上是一个具有反馈电容 C_f 的高增益运算放大器电路，如图 2-24 所示。

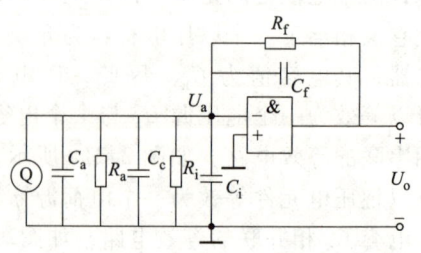

图 2-24　电荷放大器等效电路

当放大器开环增益 A 和输入电阻 R_i、反馈电阻 R_f（用于防止放大器直流饱和）相当大时，在计算中，可以把输入电阻 R_i 和反馈电阻 R_f 忽略，放大器的输出电压 U_o 正比于输入电荷 Q。

设 C 为总电容，则有

$$U_o = -AU_a = \frac{-AQ}{C_o} \tag{2-26}$$

根据密勒定理，反馈电容 C_f 折算到放大器输入端的等效电容为 $(1+A)C_f$，则

$$U_o = \frac{-AQ}{[C_a + C_c + C_i + (1+A)C_f]} \tag{2-27}$$

当 A 足够大时，则 $(1+A)C_f \gg (C_a + C_c + C_i)$，这样

$$U_o \approx \frac{-AQ}{(1+A)C_f} \approx \frac{-Q}{C_f} \tag{2-28}$$

由以上分析可知，电荷放大器的输出正比于信号 Q，二者为线性转换关系。电荷放大器的输出电压仅与输入电荷和反馈电容有关，电缆电容与放大器的输入电容不会对输出产生影响，故电缆长度变化不会带来测量误差。

（2）电压放大器

压电式传感器电压放大器电路原理及等效电路如图 2-25 所示。

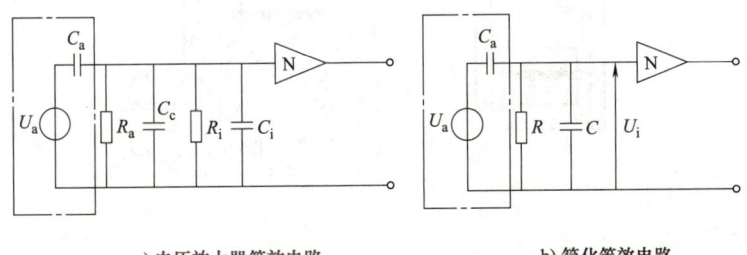

a) 电压放大器等效电路　　　　b) 简化等效电路

图 2-25　电压放大器电路原理及等效电路图

图中，R_a 为传感器绝缘电阻；R_i 为前置放大器输入电阻；C_a 为传感器内部电容；C_c 为电缆电容；C_i 为前置放大器输入电容。

压电传感器有很好的高频响应，当作用于压电元件力为静态力时，则前置放大器的输入电压等于零，所以压电传感器不能用于静态力测量。压电传感器与前置放大器之间连接电缆不能随意更换，否则将引入测量误差。

2.2.4　压电式传感器应用实例

压电式传感器多用于冲击力、脉动力、振动等动态参数的测量，由不同压电材料制作的各类压电元件是其主要的敏感元件，在解决实际问题时，要根据具体的应用场合和各类压电式传感器的特性进行合理选型。

1. 压电式力传感器

压电式力传感器是以压电元件为转换元件，输出电荷与作用力成正比的力—电转换装置。常用的形式为荷重垫圈式，它由基座、盖板、石英晶片、电极以及引出插座等组成，如图 2-26 所示的是 YDS—78 型压电式单向力传感器的结构，它主要用于变化频率不太高的动态力的测量。被测力通过传力上盖使压电元件受压力作用而产生电荷。

传感器与检测技术

2. 压电式加速度传感器

压电式加速度传感器是一种常用的加速度计。它的主要优点是灵敏度高、体积小、重量轻、测量频率上限高、动态范围大。但它易受外界干扰,在测量前需进行各种校验。图 2-27 是一种压缩型的压电式加速度计。

当加速度传感器和被测物一起受到冲击振动时,压电元件受质量块惯性力的作用,根据牛顿第二定律,此惯性力是加速度的函数,即:

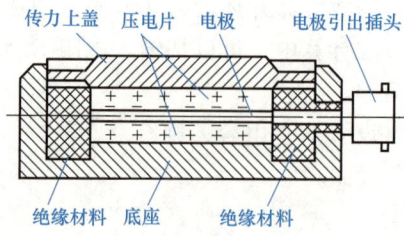

图 2-26 YDS—78 型压电式单向力传感器结构

$$F = ma \tag{2-29}$$

式中　F——质量块产生的惯性力;
　　　m——质量块的质量;
　　　a——加速度。

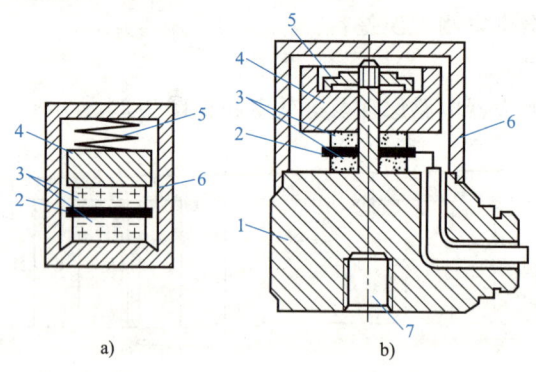

图 2-27 压电式加速度传感器
1—基座　2—引出电极　3—压电晶片　4—质量块　5—弹簧　6—壳体　7—固定螺孔

此时惯性力 F 作用于压电元件上,因而产生电荷 q,当传感器选定后,m 为常数,则传感器输出电荷 $q = dF = dma$ 与加速度 a 成正比。因此,测得加速度传感器输出的电荷便可知加速度的大小。

3. 压电式玻璃破碎报警器

BS—D2 压电式传感器是专门用于检测玻璃破碎的一种传感器,它利用压电元件对振动敏感的特性来感知玻璃受撞击和破碎时产生的振动波。传感器把振动波转换成电压输出,输出电压经放大、滤波、比较等处理后提供给报警系统。BS—D2 压电式玻璃破碎传感器的外形及内部电路如图 2-28 所示。传感器的最小输出电压为 100mV,最大输出电压为 100V,内阻抗为 15~20kΩ。

4. 压电式传感器在工业机器人中的应用

压电式传感器常作为工业机器人的触觉传感器来使用,属于机器人外部传感器中的一种。其优点是耐腐蚀、频带宽和灵敏度高等;但缺点是无直流响应,不能直接检测静态信号,广泛应用于焊接机器人和喷涂机器人中。图 2-29 所示是一种基于 PVDF 的三维力机器人触觉传感器探头,该传感器能有效检测抓取过程中物体三维方向受力信息。

第 2 章　压力传感器

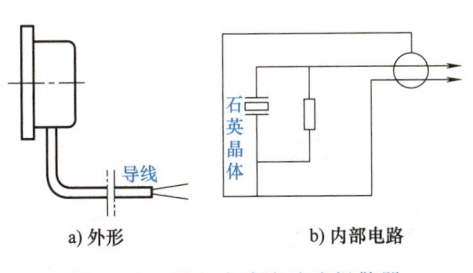

图 2-28　压电式玻璃破碎报警器

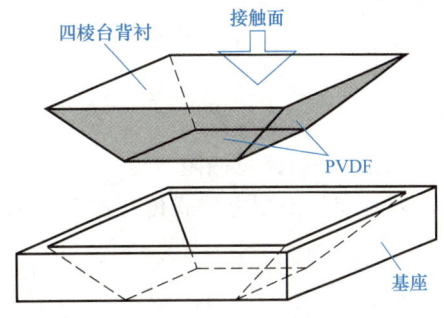

图 2-29　基于 PVDF 的三维力
机器人触觉传感器探头

PVDF 是一种新型高分子压电材料，根据 PVDF 压电薄膜的特性，极化后的薄膜在承受了一定方向上的压力形变后，其极化面会产生一定量的电荷，通过相关电路引出电荷并转换成电信号，检测电信号的改变就能测得此时压电薄膜相关面所承受压力形变的具体信息。如图 2-29 所示，选取一个四棱台，在其四个面上分别粘贴上 PVDF 压电薄膜。在四棱台接触面施加一个作用力 F，粘贴在四棱台各侧面上的 PVDF 压电薄膜会受到不同的压力，也就会随之产生与该压力成正比的电荷。由于各个薄膜所受压力不同，各自所产生的电信号强弱也就不一样。通过对电信号的测量，便可计算出力 F 在四棱台各侧面分力的大小，从而可以抽离出此时物体三维方向上的受力信息。

2.3　电感式传感器

电感式传感器是建立在电磁感应的基础上，利用线圈自感或互感的改变来实现位移、振动、压力、力矩等非电量的检测，能实现信息远距离传输、记录、显示和控制，在工业自动控制系统中应用十分广泛。

电感式传感器具有结构简单、工作可靠、抗干扰能力强、输出功率较大、分辨力较高、稳定性好等一系列优点，其主要缺点是灵敏度、线性度和测量范围相互制约，传感器自身频率响应低，不适用于快速动态测量。

2.3.1　自感式传感器

1. 自感式传感器的工作原理

自感式传感器是把被测量的变化转换成自感 L 的变化，再通过一定的转换电路转换成电压或电流输出。按照磁路几何参数变化形式的不同，自感式传感器的基本类型有变气隙型、变截面积型和螺线管型三种。为了减小非线性误差，提高灵敏度，在实际测量中广泛采用差分形式。

（1）变气隙型电感式传感器

变气隙型电感式传感器的结构示意如图 2-30 所示。传感器由线圈、铁心和衔铁组成。工作时可动衔铁与被测物体连接，被测物体的位移通过可动衔铁的上、下（或左、右）移动，将引起空气气隙的长度发生变化，即气隙磁阻发生相应的变化，从而导致线圈电感量发生变化。实际检测时，正是利用这一变化来判定被测物体的移动量及运动方向的。线圈的电

感量可用下面公式计算

$$L = \frac{N^2}{R_m} \tag{2-30}$$

式中　N——线圈匝数；
　　　R_m——磁路总磁阻。

对于变气隙型电感式传感器，如果忽略磁路铁损，则磁路总磁阻为

$$R_m = \frac{l_1}{\mu_1 A} + \frac{l_2}{\mu_2 A} + \frac{2\delta}{\mu_0 A} \tag{2-31}$$

式中　l_1——铁心磁路长；
　　　l_2——衔铁磁路长；
　　　A——截面积；
　　　μ_1——铁心磁导率；
　　　μ_2——衔铁磁导率；
　　　μ_0——空气磁导率；
　　　δ——空气隙厚度。

一般情况下，导磁体的磁阻与空气隙磁阻相比是很小的，可以忽略，因此线圈的电感值可近似地表示为

$$L = \frac{N^2 \mu_0 A}{2\delta} \tag{2-32}$$

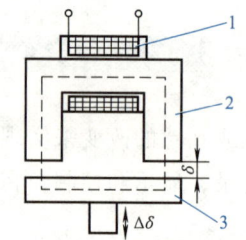

图 2-30　变气隙型电感式传感器
1—线圈　2—铁心　3—可动衔铁

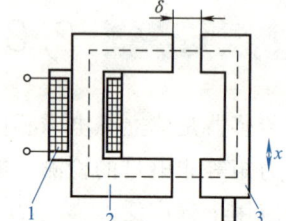

图 2-31　变面积型电感式传感器
1—线圈　2—铁心　3—可动衔铁

（2）变面积型电感式传感器

传感器工作时，当气隙长度保持不变，而铁心与衔铁之间相对覆盖面积（即磁通截面）因被测量的变化而改变时，将导致电感量发生变化。这种类型的电感式传感器称为变面积型电感式传感器。其结构示意图如图 2-31 所示。变面积型电感线圈的电感量可近似表示为：

$$L = \frac{N^2 \mu_0 A}{2\delta} \tag{2-33}$$

通过公式可知线圈电感量与截面积成正比，是一种线性关系。

（3）螺线管型电感式传感器

当传感器的衔铁随被测对象移动时，引起线圈磁力线路径上的磁阻发生变化，从而导致线圈电感量随之变化。线圈电感量的大小与衔铁插入线圈的深度有关。螺线管型电感式传感器的结构示意图如图 2-32 所示。

线圈的电感量 L 与衔铁进入线圈的长 l_a 的关系可表示为：

$$L = \frac{4\pi^2 N^2}{l^2}[lr^2 + (\mu_m - 1)l_a r_a^2] \quad (2\text{-}34)$$

式中　L——线圈长度；
　　　r——线圈的平均半径；
　　　N——线圈的匝数；
　　　l_a——衔铁进入线圈的长度；
　　　r_a——衔铁的半径；
　　　μ_m——铁心的有效磁导率。

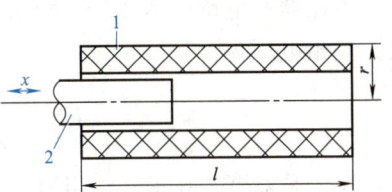

图 2-32　螺线管型自感式传感器
1—线圈　2—衔铁

变气隙型、变面积型和螺线管型三种类型自感式电感传感器相比较，变气隙型灵敏度最高，因而它对电路的放大倍数要求比较低，缺点是非线性严重，自由行程小，制造装配困难；变面积型灵敏度较前者小，但线性较好，量程较大，使用比较广泛；螺管型灵敏度较低，但量程大、结构简单且易于制作和批量生产，常用于测量精度要求不太高的场合。

2. 自感式电感传感器的测量电路

交流电桥是电感式传感器的主要测量电路，它的作用是将线圈电感的变化转换成电桥电路的电压或电流输出，多采用双臂工作形式。通常将传感器作为电桥的两个工作臂，电桥的平衡桥臂可以是纯电阻，也可以是变压器的二次绕组。

（1）电阻平衡电桥

电阻平衡电桥如图 2-33a 所示。

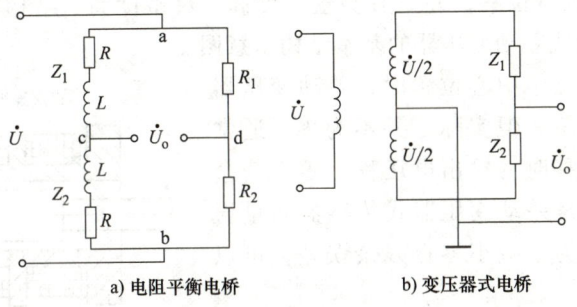

a) 电阻平衡电桥　　b) 变压器式电桥

图 2-33　自感式电感传感器的测量电路

Z_1、Z_2 为传感器阻抗。$Z_1 = Z_2 = Z = R + j\omega l$，另有 $R_1 = R_2 = R'$。由于电桥工作臂是差分形式，则在工作时，$Z_1 = Z + \Delta Z$ 和 $Z_2 = Z - \Delta Z$，电桥的输出电压为

$$\dot{U}_o = \dot{U}_{dc} = \frac{Z_1 \dot{U}}{(Z_1 + Z_2)} - \frac{R_1 \dot{U}}{(R_1 + R_2)} = \frac{\dot{U} \Delta Z}{2Z} \quad (2\text{-}35)$$

当 $\omega l \gg R$ 时，式（2-35）可写为

$$\dot{U}_o = \frac{\dot{U} \Delta L}{2L} \quad (2\text{-}36)$$

由式（2-36）可以看出，交流电桥的输出电压与传感器线圈电感的相对变化量是成正比的。

（2）变压器式电桥

变压器式电桥如图 2-33b 所示。它的平衡臂为变压器的二次绕组,当负载阻抗无穷大时,输出电压为:

$$\dot{U}_o = \frac{\dot{U}Z_2}{(Z_1+Z_2)} - \frac{\dot{U}}{2} = \frac{\dot{U}}{2} \times \frac{(Z_2-Z_1)}{(Z_1+Z_2)} \tag{2-37}$$

由于是双臂工作形式,当衔铁下移时,$Z_1 = Z - \Delta Z$,$Z_2 = Z + \Delta Z$,则:

$$U_o = \frac{U\Delta Z}{2Z} \tag{2-38}$$

同理,当衔铁上移时,则:

$$U_o = \frac{-U\Delta Z}{2Z} \tag{2-39}$$

可见,衔铁上移和下移时,输出电压相位相反,但是由于输出的是交流信号,因此无法判断位移的方向。如果需要判断方向,需在后续电路中使用相敏检波电路。

2.3.2 互感式传感器

1. 工作原理与基本结构

互感式传感器能够将被测的物理量转换为线圈间互感量的变化,再通过相应的转换电路将互感量转换为电压值。该类传感器通常有两个二次绕组,按差动方式工作,其工作原理与变压器类似,但不完全相同,二者之间的区别是:变压器的磁路为闭合磁路,一、二次绕组间的互感为常数;互感式传感器的磁路为开磁路,一、二次绕组间的互感随衔铁移动而改变。通常将互感式传感器称为差动变压器式传感器,简称差动变压器。差动变压器结构形式较多,有变气隙式、变面积式和螺线管式等,其中应用较多的是螺线管式差动变压器,它可以测量 1~100mm 的机械位移,并具有测量精度高、灵敏度高、结构简单、性能可靠等优点。图 2-34 是螺线管式差动变压器的基本结构示意图。

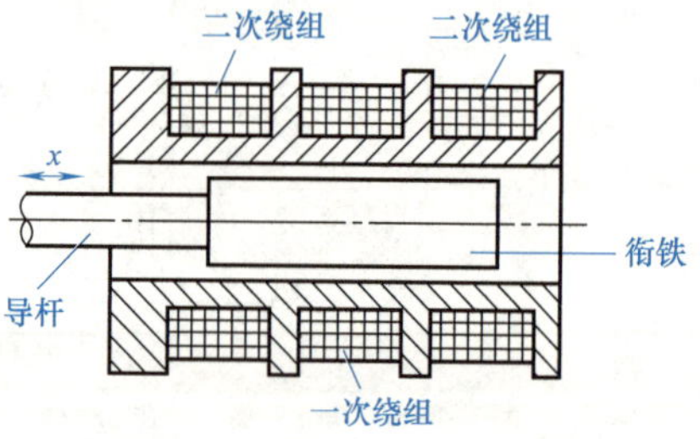

理论上,当衔铁位于中心位置时,差动变压器的输出电压应该等于零,但实际上并不为零,通常把差动变压器在零位移时的输出电压称为零点残余电压。零点残余误差是差动变压器式传感器测量误差的主要来源之一,为了减小零点残余误差,可以采取以下方法:

(1) 采用对称结构

尽可能保证传感器尺寸、线圈电气参数和磁路对称。磁性材料要经过处理,以消除内部的残余应力,使其性能均匀稳定。

图 2-34 螺线管式差动变压器

(2) 选用合适的测量电路

例如采用相敏整流电路,既可判别衔铁移动方向又可改善输出特性,减小了零点残余电动势。

(3) 采用补偿线路

在差动变压器二次侧串、并联适当数值的电阻、电容元件,当调整这些元件时,可使零点残余电动势减小。

2. 测量电路

差动变压器随衔铁的位移可输出一个调幅波,因而用电压表来测量存在两方面问题,一是总有零位电压输出,因而零位附近的小位移量的测量比较困难;二是交流电压表无法判断衔铁移动方向。为解决以上问题,目前常用的测量电路有相敏检波电路、差分整流电路、直流差分变压器电路等。

(1) 相敏检波电路

相敏检波电路如图 2-35 所示。

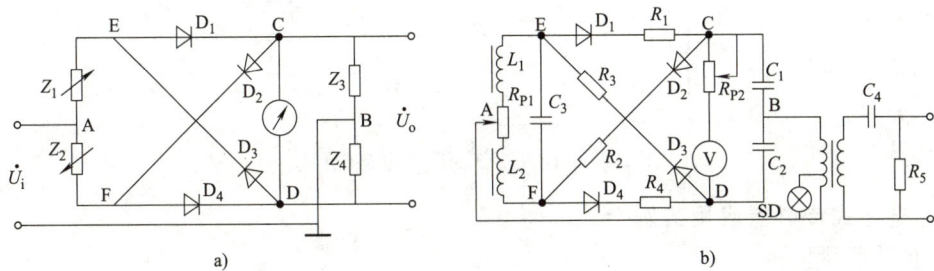

图 2-35 带相敏整流的交流电桥

相敏检波电路在实际应用时需注意如下几点:

1) 电路中需要接入移相电路;

2) 比较电压一般应为信号电压的 3~5 倍;

3) 图中,R_p 为电桥调零电位器;

4) 电路中要接入放大器。

(2) 差分整流电路

差分整流电路对两个二次绕组的感应电动势分别整流,然后再把两个整流后的电流或电压串成通路合成输出,几种典型的电路如图 2-36 所示。

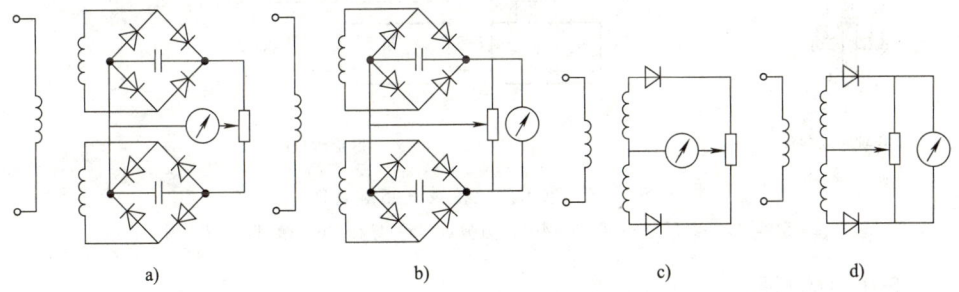

图 2-36 差分整流电路

几点注意:

1) 这种电路不需要比较电压绕组,不需要考虑相位调整和零位输出电压影响,不必考虑感应和分布电容的影响;

2) 可远距离输送;

3) 还需经过低通滤波电路。

(3) 直流差分变压器电路

直流差分变压器的工作原理与前面讨论的一般差分变压器相同,差别仅在于仪器所用的电源是直流电源。直流差分变压器电路原理如图 2-37 所示，它由直流电源、多谐振荡器、差分整流电路、滤波器组成。多谐振荡器提供高频激励电源，它可以是产生正弦波、三角波或方波的电路。

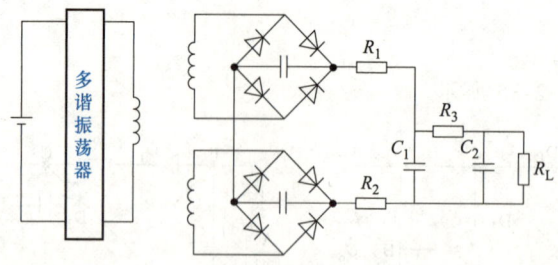

图 2-37　直流差分变压器电路原理图

2.3.3　电感式传感器应用实例

1. 位移测量

图 2-38a 是轴向式测头的结构示意图；图 2-38b 是电感测位仪测量电路的原理框图。测量时测头的测量端与被测件接触，被测件的微小位移使衔铁在差分线圈中移动，线圈的电感值将产生变化，这一变化量通过引线接到交流电桥，电桥的输出电压就反映了被测件的位移变化量。

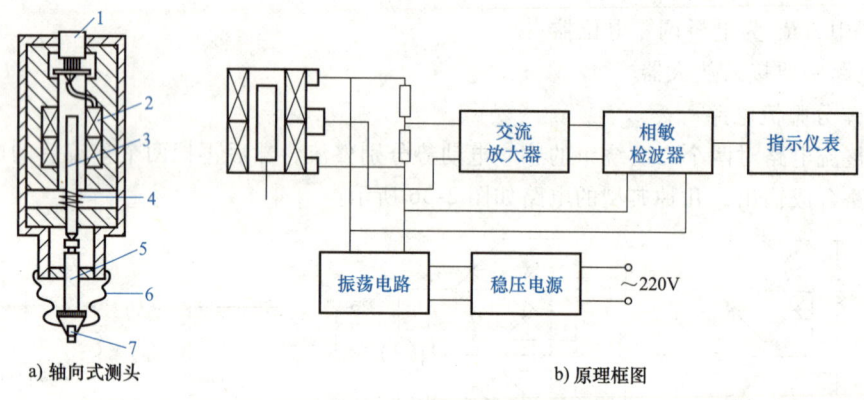

图 2-38　电感测位仪及其测量电路

1—引线　2—线圈　3—衔铁　4—测力弹簧　5—导杆　6—密封罩　7—测头

2. 力和压力的测量

图 2-39 是差分变压器式力传感器。当力作用于传感器时，弹性元件产生变形，从而导致衔铁相对线圈移动。线圈电感量的变化通过测量电路转换为输出电压，其大小反映了受力的大小。

差分变压器和膜片、膜盒、弹簧管等相结合，可以组成压力传感器。图 2-40 是微压力传感器的结构示意图。在无压力作用时，膜盒在初始状态，与膜盒连接的衔铁位于差分变压器线圈的中心部。当压力输入膜盒后，膜盒的自由端产生位移并带动衔铁移动，差分变压器产生一个正比于压力的输出电压。

3. 振动和加速度的测量

图 2-41 为测量振动与加速度的电感式传感器结构示意图及其测量电路。衔铁受振动和

第 2 章 压力传感器

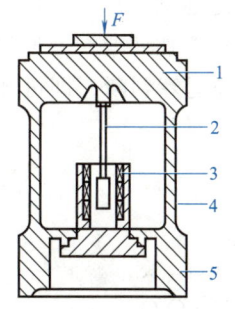

图 2-39　差分变压器式力传感器

1—上部　2—衔铁　3—线圈
4—变形部　5—下部

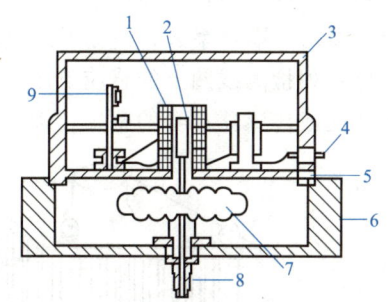

图 2-40　电感式微压力传感器

1—差分变压器　2—衔铁　3—罩壳　4—插头
5—通孔　6—底座　7—膜盒　8—接头　9—线路板图

加速度的作用,使弹簧受力变形,与弹簧连接的衔铁的位移大小反映了振动的幅度和频率以及加速度的大小。

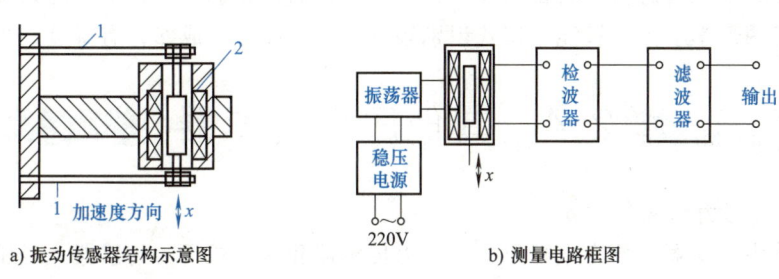

a) 振动传感器结构示意图　　　　　b) 测量电路框图

图 2-41　振动传感器及其测量电路图

1—弹性支承　2—差分变压器

4. 液位测量

图 2-42 是采用了电感式传感器的浮筒式液位计。由于液位的变化,浮筒所受浮力也将产生变化,这一变化转变成衔铁的位移,从而改变了差分变压器的输出电压,这个输出值反映了液位的变化值。

5. 电感式传感器在机器人中的应用

目前,差动变压器作为一种触觉传感器,被广泛应用在机器人传感系统中。机器人通过触觉传感器感知被接触物体的特征,如是否握牢对象物体等。常使用的触觉传感器有机械式(如微动开关)、针式差动变压器、含碳海绵及导电橡胶等几种。当接触力作用时,这些传感器以通断方式输出高低电平,实现传感器对被接触物体的感知,触觉传感器属于机器人外部传感器中的一种。

图 2-43 所示是针式差动变压器阵列式触觉传感器,该传感器由若干个触针式触觉传感器构成矩阵形状。每个触针传感器由钢针、塑料套筒以及使针杆复位的弹簧等构成。在每个触针上均绕制有激励线圈和检测线圈,作用是将感知的信息转换成

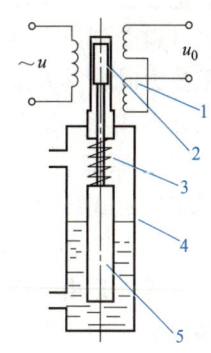

图 2-42　浮筒式液位计示意图

1—线圈　2—衔铁　3—弹簧
4—浮筒室　5—浮筒

电信号。当针杆与物体接触而产生位移时，其根部的磁极体将随之运动，从而增强了激励线圈与检测线圈间的耦合系数，检测线圈上的感应电压随针杆的位移增加而增大。通过扫描电路轮流读出各列检测线圈上的感应电压（代表针杆的位移量），经运算判断，即可知道被接触物体的特征或传感器自身的感知特性。

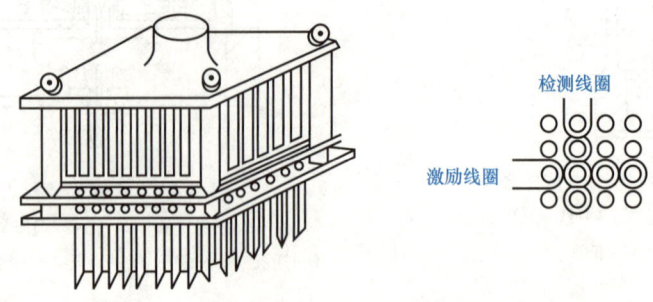

图 2-43　针式差动变压器阵列式触觉传感器

对于阵列式触觉传感器，其目的是辨识物体接触面的轮廓。这种信号的处理将涉及图像处理、计算机图形学、人工智能、模式识别等学科，目前还不成熟，有待进一步研究。

2.4　其他压力传感器

2.4.1　压磁式压力传感器

目前的压力传感器主要有电阻应变式压力传感器和压电式压力传感器，对压磁式压力传感器的研究和开发较少。但压磁式压力传感器与上述两种压力传感器相比具有输出功率大、抗干扰能力强、寿命长、维护方便、适应恶劣工作环境等优点，特别是寿命长、运行条件要求低的优点，与一般传感器相比显得更为突出。在工业领域的自动化控制系统中，压磁式压力传感器有着良好的应用前景。

1. 压磁效应

当铁磁材料受机械力作用后，在它内部产生了机械应力，从而引起铁磁材料磁导率发生变化。这种应力使铁磁材料的磁性质发生变化的现象，称为压磁效应。

当材料受到压力时，在作用力方向磁导率减小，而在作用力垂直方向，磁导率增大；作用力是拉力时，其效果相反；作用力取消后，磁导率复原。这种现象称为铁磁材料的压磁效应。此处需注意，铁磁材料的压磁效应还与磁场有关。

2. 工作原理

对于压磁式压力传感器，为了保证传感器的长期稳定性和良好的重复性，必须具有合理的机械结构，图 2-44 为一种典型的压磁式压力传感器的结构图。

压磁元件是由磁性材料构成产生压磁效应的元件，目前主要采用正磁致伸缩特性的硅钢片粘叠而成，如图 2-45 所示。当对压磁元件 1 施加压力 F 时，A、B 区域将产生很大的压应力，磁导率下降，磁阻增大；C、D 区域基本上仍处于自由状态。磁通密度偏向水平方向，与测量绕组交链，测量绕组中将产生感应电势 e。F 值越大，测量绕组交链的磁通越多，e 值就越大。经过变换处理后，就能用电流或电压来表示被测力 F 的大小。

压磁式传感器的输出信号较大，一般不需要放大。其测量电路主要由激磁电源、滤波电

第 2 章 压力传感器

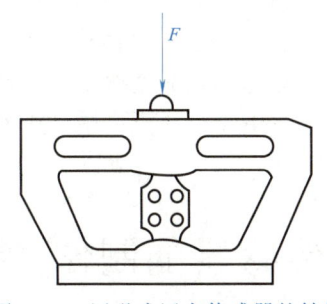

图 2-44 压磁式压力传感器的结构

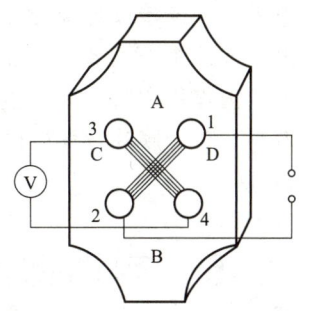

图 2-45 压磁式压力传感器原理

路、相敏整流和显示器等组成，如图 2-46 所示。

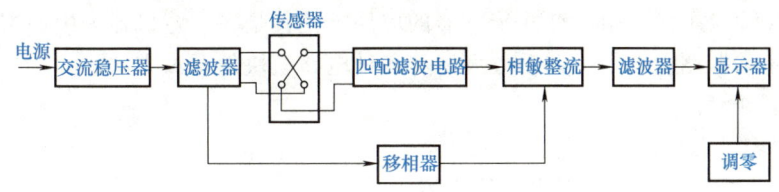

图 2-46 压磁式传感器测量电路

2.4.2 压阻式压力传感器

压阻式压力传感器是压力式传感器的一种，又称扩散硅压力传感器，其灵敏系数比金属电阻式压力传感器高出几十倍，而且具有体积小、分辨率高、工作频带宽、机械迟滞小、传感器与测量电路可实现一体化等优点。

压阻式压力传感器广泛地应用航天、航空、航海、石油化工、动力机械、生物医学工程、气象、地质、地震测量等各个领域。在航天和航空工业中压力是一个关键参数，对静态和动态压力、局部压力和整个压力场的测量都要求很高的精度。压阻式压力传感器是用于这方面的较理想的传感器。在生物医学方面，压阻式压力传感器也是理想的检测工具。目前已制成扩散硅膜薄到 $10\mu m$，外径仅 0.5mm 的注射针型压阻式压力传感器和能测量心血管、颅内和眼球内压力的传感器。此外，在油井压力测量、随钻测向和测位地下密封电缆故障点的检测以及流量和液位测量等方面都广泛应用压阻式压力传感器。随着微电子技术和计算机的进一步发展，压阻式压力传感器的应用将迅速发展。

1. 工作原理

压阻式压力传感器基于半导体材料的压阻效应进行工作，即当对半导体材料施加应力作用时，半导体材料的电阻率将随着应力的变化而发生变化。

用作压阻式压力传感器的材料主要为硅和锗，由于单晶硅材料纯度高、功耗小、滞后和蠕变极小、机械稳定性好，而且传感器的制造工艺和硅集成电路工艺有很好的兼容性，所以以扩散硅压阻传感器作为检测元件的压力检测仪表得到了广泛的应用。

2. 压阻式压力传感器的结构

图 2-47 为压阻式压力传感器的结构示意图。在硅膜片上用离子注入和激光修正方法形成四个阻值相

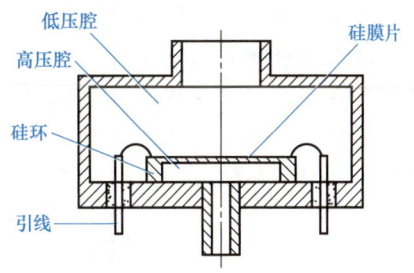

图 2-47 压阻式压力传感器结构示意图

等的扩散电阻,并连接成惠斯顿电桥形式。电桥用恒压源或恒流源激励。通过 MEMS 技术在硅膜片上形成一个压力室,一侧与取压口相通,另一侧与大气相连,或做成标准的真空室。当被测压力作用在膜片上产生差压时,使得膜片一部分压缩一部分拉伸,位于膜片压缩区的电阻变小,位于膜片拉伸区的电阻变大,电桥失去平衡。电桥的输出电压反映了膜片上所受的压力差。

2.5 实训课题 简易压力传感器的制作

1. 实训目的
1)掌握金属箔式应变片的应变效应。
2)进一步深入了解电阻应变式传感器的应用,尤其是在工业机器人中的实际应用。
3)进一步掌握测量电桥、差动放大器等各种电路模块的调试方法。
4)激发创新潜能。

2. 实训内容
(1)压力传感器在喷涂机器人中的应用
喷涂机器人又叫喷漆机器,是可进行自动喷漆或喷涂其他涂料的工业机器人。喷漆机器人主要由机器人本体、计算机和相应的控制系统组成,机体多采用 5 或 6 自由度关节式结构,手臂有较大的运动空间,并可做复杂的轨迹运动,其腕部一般有 2~3 个自由度,可灵活运动,完成各种复杂的喷涂工作。喷漆机器人一般采用液压驱动,具有动作速度快、防爆性能好等特点。由于喷漆机器人相对人工喷漆来说效率高、效果好、利用率高等优点,因此被广泛用于汽车、仪表、电器、搪瓷等工艺生产部门。

由于喷漆机器人在工作过程中几乎是全自动的,因此需要事先进行相关参数的设定,并通过控制设备对工作过程进行测量和监控,以便根据实际情况进行调节,确保始终处于最佳的喷涂状态。其中最重要的是利用压力传感器对喷漆时的压力进行测量。喷口气体压力的大小直接影响喷涂的质量,若压力过小,会导致原料浪费且容易因过喷导致漆料横流而破坏喷漆图案;若压力过大,同样会因为喷漆飞溅而产生浪费,在近距离查看时,喷涂表面会有很强的颗粒感,影响喷涂美观效果。通过压力传感器对喷口气体压力的实时测量,并将测量数据发送给控制系统,通过与系统预设值进行比较进而判断压力过大或过小,并以此对压力大小进行调节,使压力一直处于大小合适的范围内。这样,通过对压力的控制和调节,既节省了原料提高了利用率,也使得喷涂的质量得到了保证。

(2)压力传感器电路图
本压力传感器电路如图 2-48 所示,该电路由三部分组成,分别是电桥电路(含电源)、差动放大电路和放大滤波电路。

其中传感器部分分解如图 2-49 所示。

如图 2-49 所示,R_4、R_5、R_6、R_7 为应变片,组成应变片全桥,R_2、R_3 分别与 R_4、R_5 并联构成温度补偿电路,RV1 为电桥的的调节变阻器,保持初始状态的零输出。

$$U_1 = U\left(\frac{R_4 + \Delta R_4}{R_4 + \Delta R_4 + R_5 - \Delta R_5} - \frac{R_6 + \Delta R_6}{R_6 - \Delta R_6 + R_7 + \Delta R_7}\right)$$

3. 实训步骤

第 2 章　压力传感器

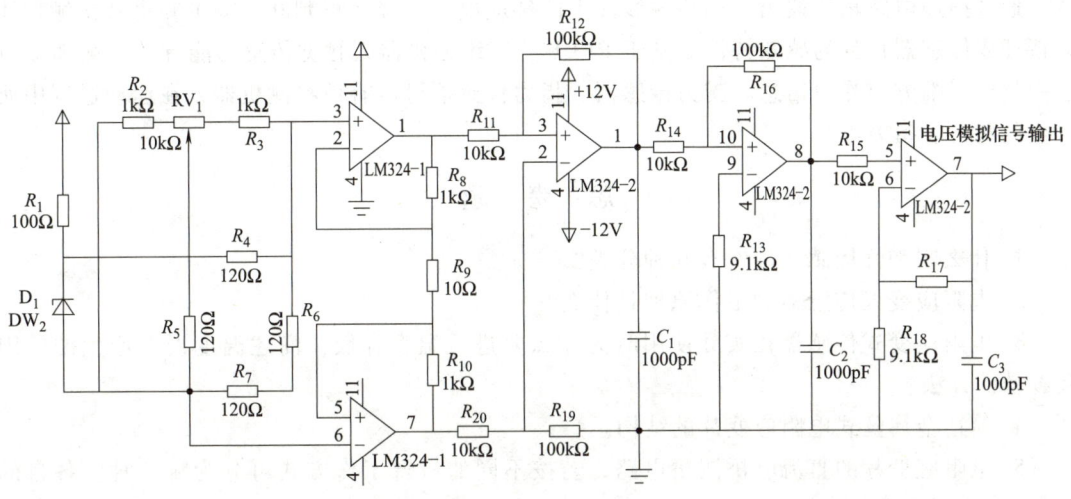

图 2-48　压力传感器电路

1）分析电路原理；
2）根据原理图画出布线图；
3）检测元件；
4）按图焊接，要求布线合理、焊点牢固、光洁；
5）检查线路；
6）调试。

4. 思考

1）应变片式传感器的基本工作原理是什么？
2）电路中 C_1、C_2、C_3 的作用分别是什么？
3）该传感器可作为工业机器人的哪种传感器来使用？

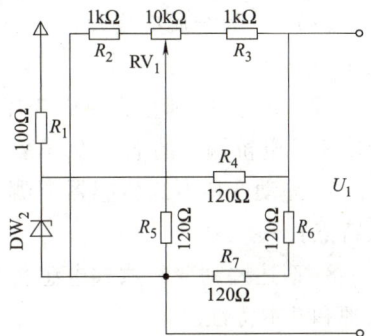

图 2-49　应变片全桥电路

5. 评价

1）学生在检测过程中，进行自评、互评；
2）对学生进行巡回检查，做出评价并给出改进意见；
3）小组同学汇报工作得失，对学生工作情况进行总结。

本 章 小 结

本章主要介绍了各种压力传感器的结构及原理和压力传感器的应用。

各种压力传感器主要包括：电阻应变式传感器、压电式传感器及电感式传感器，此外还介绍了压磁式及压阻式等测量压力的传感器。电阻应变式传感器借助弹性敏感元件，利用导体的应变效应，将力的变化转变为阻值的变化，最后经测量转换电路得到对应的电信号。压电式传感器利用压电效应进行工作，是一种自发电型传感器。电感式传感器利用电磁感应原理将被测量转换为电感量（自感量或互感量）的变化输出，再经过测量转换电路，得到对应的电压或电流的变化，主要分为自感式和互感式两大类。

压力传感器的应用：尤其是在工业机器人中的应用。针式差动变压器阵列式触觉传感器，通过扫描电路轮流读出各列检测线圈上的感应电压，经运算判断，即可知道被接触物体的特征或传感器自身的感知特性。基于PVDF的三维力机器人触觉传感器能有效检测抓取过程中物体三维方向受力信息。腕力传感器、指力传感器可以有效检测机器人在运动过程中所产生的腕力、指力等。

思 考 题

1. 什么叫弹性敏感元件？有几种分类？
2. 电阻应变式传感器的工作原理是什么？
3. 电阻应变式传感器在实际使用时为什么要进行温度补偿？简述温度误差产生的原因及补偿的方法。
4. 简述金属丝式电阻应变片的结构。
5. 电阻应变片的直流电桥测量电路，若按不同的桥臂工作方式可分为哪几种？各自的输出电压如何计算？
6. 图 2-50 为一直流电桥，图中 $E=4\text{V}$，$R_1=R_2=R_3=R_4=120\Omega$，试求：

(1) R_1 为金属应变片，其余为外接电阻，当 R_1 的增量为 $\Delta R_1=1.2\Omega$ 时，电桥输出的电压 $U_o=?$

(2) R_1、R_2 都是金属应变片，且批号相同，感应应变的极性和大小都相同，其余为外接电阻，电桥输出的电压 $U_o=?$

7. 差动变压器式传感器有哪几种结构形式？各有什么特点？
8. 简述差动变间隙式电感传感器的主要组成、工作原理和基本特性。
9. 简述差动变压器式传感器的零点残余电压产生的原因及减小和消除零点残余误差的方法。
10. 简述压电效应。
11. 画出压电元件的两种等效电路。
12. 试比较石英晶体和压电陶瓷的压电效应异同点。
13. 压电传感器能否用于静态测量？试结合压电陶瓷加以说明。
14. 压电元件在使用时常采用多片串联或并联的结构形式。试述在不同接法下输出电压、电荷、电容的关系并说明各自的适用场合。
15. 简述压力传感器在机器人中的应用。

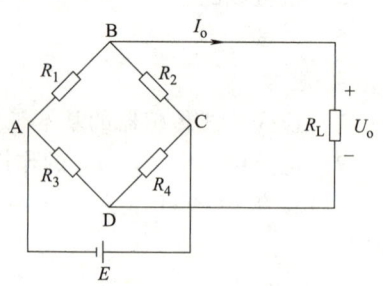

图 2-50　直流电桥测量电路

第3章 温度传感器

温度是表示物体冷热程度的物理量,在工业生产,如冶金、化工、电力、机械等行业以及日常生活中,温度检测和控制都是十分重要的。

温度检测的传感器有很多,本章主要介绍热电偶传感器、热电阻传感器以及热敏电阻传感器等温度检测的原理、应用及使用方法。

3.1 热电偶传感器

热电偶是将温度量转换为电动势大小的热电式传感器。热电偶是温度测量仪表中常用的测温元件,它直接测量温度,并把温度信号转换成热电动势信号,通过电气仪表(二次仪表)转换成被测介质的温度。热电偶传感器广泛用来测量 -180~1800℃ 范围内的温度。它具有装配简单、更换方便,测量精度高,测量范围大,机械强度高、耐压性能好等优点,可用来测量流体、固体以及固体壁面的温度,在工业生产中得到了广泛的应用。

图 3-1 所示为热电偶实物。

3.1.1 热电偶的结构与种类

1. 热电偶的结构

为了适应不同生产对象的测温要求和条件,热电偶的结构形式有普通型热电偶、铠装型热电偶和薄膜热电偶等。

(1) 普通型热电偶

普通型热电偶工业上使用最多,它一般由热电极、绝缘套管、保护管和接线盒组成,其结构如图 3-2 所示。普通型热电偶按其安装时的连接形式可分为固定螺纹连接、固定法兰连接、活动法兰连接、无固定装置等多种形式。

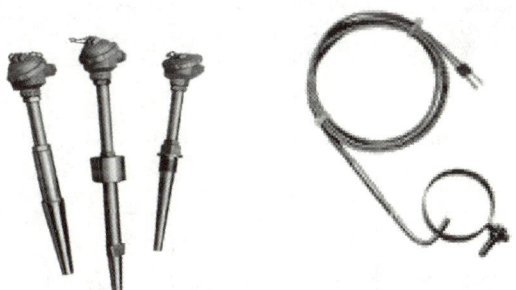

图 3-1 热电偶实物图

(2) 铠装型热电偶

铠装型热电偶又称套管热电偶。它是由热电偶丝、绝缘材料和金属套管三者经拉伸加工而成的坚实组合体,如图 3-3 所示。它可以做得很细很长,使用中随需要能任意弯曲。铠装热电偶的主要优点是测温端热容量小、动态响应快、机械强度高、挠性好、可安装在结构复杂的装置上,因此被广泛用在许多工业部门中。

传感器与检测技术

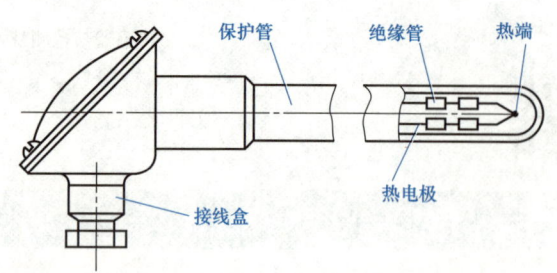

图 3-2 普通型热电偶结构图

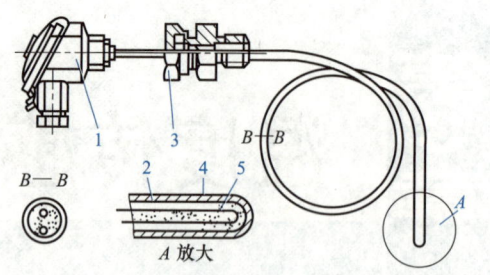

图 3-3 铠装型热电偶结构图
1—接线盒　2—金属套管　3—固定装置
4—绝缘材料　5—热电极

（3）薄膜热电偶

薄膜热电偶是由两种薄膜热电极材料，用真空蒸镀、化学涂层等办法蒸镀到绝缘基板上面制成的一种特殊热电偶，如图 3-4 所示。薄膜热电偶的热接点可以做得很小（可薄到 0.01 ~ 0.1μm），具有热容量小、反应速度快等特点，热响应时间达到微秒级，适用于微小面积上的表面温度以及快速变化的动态温度测量。

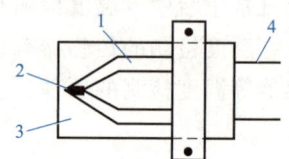

图 3-4 薄膜热电偶结构图
1—热电极　2—热接点
3—绝缘基板　4—引出线

2. 热电偶的种类

国际电工委员会（IEC）向世界各国推荐八种标准化热电偶。所谓标准化热电偶，就是它已列入工业标准化文件中，具有统一的分度表。表 3-1 中所列热电偶中，写在前面的热电极为正极，写在后面的为负极。

表 3-1 八种国际通用热电偶特性表

名称	分度号	测温范围/℃	100℃时的热电势/mV	1000℃时的热电势/mV	特　点
铂铑$_{30}$-铂铑$_6$	B	50 ~ 1820	0.033	4.834	熔点高，测温上限高，性能稳定，准确度高，100℃以下热电势极小，所以可不必考虑冷端温度补偿；价高，热电势小，线性差；只适用于高温域的测量
铂铑$_{13}$-铂	R	−50 ~ 1768	0.647	10.506	使用上限较高，准确度高，性能稳定，复现性好；但热电势较小，不能在金属蒸气和还原性气氛中使用，在高温下连续使用时特性会逐渐变坏，价昂；多用于精密测量
铂铑$_{10}$-铂	S	−50 ~ 1768	0.646	9.587	优点同上；但性能不如 R 型热电偶；长期以来曾经作为国际温标的法定标准热电偶
镍铬-镍硅	K	−270 ~ 1370	4.096	41.276	热电势大，线性好，稳定性好，价廉；但材质较硬，在 1000℃以上长期使用会引起热电势漂移；多用于工业测量
镍铬硅-镍硅	N	−270 ~ 1300	2.744	36.256	是一种新型热电偶，各项性能均比 K 型热电偶好，适宜于工业测量

54

(续)

名称	分度号	测温范围 /℃	100℃时的热电势/mV	1000℃时的热电势/mV	特　点
镍铬-铜镍 （锰白铜）	E	-270 ~ 800	6.319	—	热电势比 K 型热电偶大 50% 左右，线性好，耐高湿度，价廉；但不能用于还原性气氛；多用于工业测量
铁-铜镍 （锰白铜）	J	-210 ~ 760	5.269		价格低廉，在还原性气体中较稳定；但纯铁易被腐蚀和氧化；多用于工业测量
铜-铜镍 （锰白铜）	T	-270 ~ 400	4.279		价廉，加工性能好，离散性小，性能稳定，线性好，准确度高；铜在高温时易被氧化，测温上限低；多用于低温域测量 可作为 -200 ~ 0℃ 温域的计量标准

3.1.2　热电偶测量温度的基本原理

热电偶传感器的工作原理是基于"1 个效应"，得到"2 种电势"，从而在应用中得到"3 个结论"。对于热电偶在应用中也有它的"4 个定律"。

1. "1 个效应"

热电效应在 1821 年首先由 Seeback 发现，所以又称西拜克效应。将两种不同的导体或半导体两端相接组成闭合回路，如图 3-5 所示，当两个接点分别置于不同温度 t、t_0（$t > t_0$）中时，回路中就会产生一个热电动势，这种现象称为热电效应。两种导体称为热电极，所组成的回路称为热电偶，热电偶的两个工作端分别称为热端和冷端。

2. "2 种电势"

热电效应产生的热电动势包括接触电动势和温差电动势。

（1）接触电动势

当 A、B 两种不同导体接触时，由于两者电子密度不同（设 $N_A > N_B$），从 A 扩散到 B 的电子数要比从 B 扩散到 A 的电子数多，于是在 A、B 接触面上形成了一个由 A 到 B 的静电场。该静电场的作用一方面阻碍了 A 导体电子的扩散运动，同时对 B 导体电子的扩散运动起促进作用，最后达到动态平衡状态。

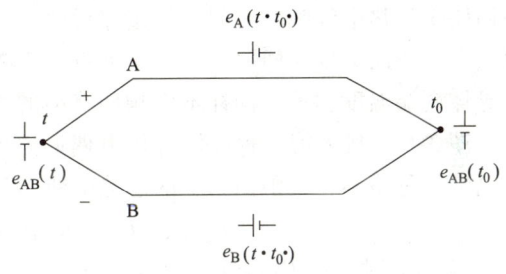

图 3-5　热电偶回路

这时 A、B 接触面所形成的电位差称为接触电动势，其大小分别用 $E_{AB}(t)$、$E_{AB}(t_0)$ 表示。

接触电动势的大小与接点处温度高低和导体的电子密度有关。温度越高，接触电动势越大；两种导体电子密度的比值越大，接触电动势越大。

（2）温差电动势

将一根导体的两端分别置于不同的温度 t、t_0（$t > t_0$）中时，由于导体热端的自由电子具有较大的动能，使得从热端扩散到冷端的电子数比从冷端扩散到热端的多，于是在导体两端便产生了一个由热端指向冷端的静电场。与接触电势形成原理相同，在导体两端产生了温差电动势，分别用 $E_A(t, t_0)$、$E_B(t, t_0)$ 表示。

温差电动势的大小与导体的电子密度及两端温度有关。

热电偶回路的总热电动势包括两个接触电动势和两个温差电动势。

$$E_{AB}(t,t_0) = E_{AB}(t) - E_{AB}(t_0) - E_A(t,t_0) + E_B(t,t_0) \tag{3-1}$$

由于热电偶的接触电动势远远大于温差电动势，且 $t > t_0$，所以总热电动势的方向取决于 $E_{AB}(t)$，故式（3-1）可以写为：

$$E_{AB}(t,t_0) = E_{AB}(t) - E_{AB}(t_0) \tag{3-2}$$

热电动势的大小与组成热电偶的导体材料和两接点的温度有关。热电偶回路中导体电子密度大的称为正极，所以 A 为正极，B 为负极。

当热电偶两电极材料确定后，热电动势便是两接点温度 t 和 t_0 的函数差，即：

$$E_{AB}(t,t_0) = f(t) - f(t_0) \tag{3-3}$$

如果使冷端温度 t_0 保持不变，热电动势就成为热端温度 t 的单一函数，即：

$$E_{AB}(t,t_0) = f(t) - C = \varphi(t) \tag{3-4}$$

当冷端温度 t_0 恒定时，热电偶产生的热电动势只与热端的温度有关。

3. "3 个结论"

① 热电偶必须采用两种不同材料作为电极，否则无论导体截面如何、温度分布如何，回路中的总热电动势恒为零。

② 热电偶两接点温度必须不同，否则尽管采用了两种不同的金属，回路总电动势恒为零。

③ 热电偶回路总热电动势的大小只与材料和接点温度有关，与热电偶的尺寸、形状无关。

4. "4 个定律"

（1）中间导体定律

利用热电偶进行测温，必须在回路中引入连接导线和仪表，接入导线和仪表后会不会影响回路中的热电势呢？中间导体定律说明，在热电偶测温回路内，接入第三种导体，只要其两端温度相同，则对回路的总热电势没有影响。同理，加入第四、第五种导体后，只要加入的导体两端温度相等，同样不影响回路中的总热电势。

图 3-6 为接入第三种导体时热电偶回路的两种形式。在图 3-6a 所示的回路中，由于温差电势可忽略不计，则回路中的总热电势等于各接点的接触电势之和，即：

$$E_{ABC}(t,t_0) = E_{AB}(t) + E_{BC}(t_0) + E_{CA}(t_0) \tag{3-5}$$

当 $t = t_0$ 时，有 $E_{ABC}(t,t_0) = 0$，则：

$$E_{BC}(t_0) + E_{CA}(t_0) = -E_{AB}(t_0) \tag{3-6}$$

所以：

$$E_{ABC}(t,t_0) = E_{AB}(t) - E_{AB}(t_0) = E_{AB}(t,t_0) \tag{3-7}$$

式（3-7）说明，在热电偶测温回路内接入第三种导体，只要第三种导体的两端温度相同，则对回路的总热电势不会产生影响。

（2）中间温度定律

热电偶 AB 在接点温度为 t、t_0 时的热电势 $E_{AB}(t,t_0)$ 等于热电偶 AB 在接点温度 t、t_c 和 t_c、t_0 时的热电势 $E_{AB}(t,t_c)$ 和 $E_{AB}(t_c,t_0)$ 的代数和。该定律是参考端温度计算修正法的理论依据。在实际热电偶测温回路中，利用热电偶这一性质，可对参考端温度不为

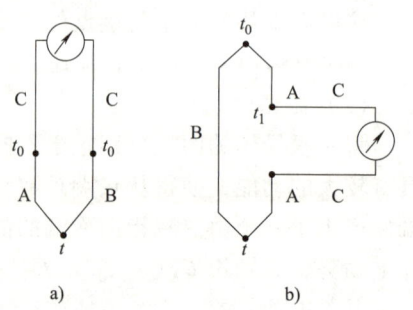

图 3-6 具有三种导体的热电偶回路

第3章 温度传感器

0℃的热电势进行修正，如图 3-7 所示。

（3）均质导体定律

由一种均质导体组成的闭合回路中，不论导体的截面和长度如何以及各处的温度分布如何，都不能产生热电势。这条定理说明，热电偶必须由两种不同性质的均质材料构成。

图 3-7 中间温度定律

（4）标准电极定律

如果已知热电极 A、B 分别与热电极 C 组成的热电偶在 (T, T_0) 时的热电势分别为 $E_{AC}(T, T_0)$ 和 $E_{BC}(T, T_0)$，如图 3-8 所示。则在相同的温度下，由 A、B 两种热电极配对后的热电势 $E_{AB}(T, T_0)$ 可按下式计算：$E_{AB}(T, T_0) = E_{AC}(T, T_0) - E_{BC}(T, T_0)$，这里热电极 C 称为标准电极。因为铂容易提纯、熔点高、性能稳定，所以标准电极通常采用纯铂丝制成。标准电极定律也称为参考电极定律或组成定律。

标准电极定律使得热电偶选配电极的工作大为简化，只要已知有关热电极与标准电极相配对时的热电势，利用上述公式就可以求出任何两种热电极配成热电偶的热电势。

5. 热电偶的分度表

热电偶热电动势与温度的对照表，称为分度表。表 3-2～表 3-5 分别为部分常用热电偶的分度表。

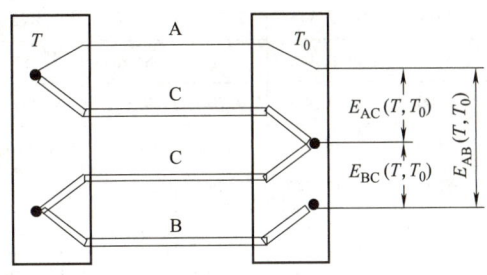

图 3-8 标准电极定律示意图

表 3-2 镍铬-镍硅热电偶（K 型）分度表

工作端温度 /℃	0	10	20	30	40	50	60	70	80	90
	热电动势/mV									
-0	-0.000	-0.392	-0.777	-1.156	-1.527	-1.889	-2.243	-2.586	-2.920	3.242
0	0.000	0.397	0.798	1.203	1.611	2.022	2.436	2.850	3.266	3.681
100	4.095	4.508	4.919	5.327	5.733	6.137	6.539	6.939	7.338	7.737
200	8.137	8.537	8.938	9.341	9.745	10.151	10.560	10.969	11.381	11.793
300	12.207	12.623	13.039	13.456	13.874	14.292	14.712	15.132	15.552	15.974
400	16.395	16.818	17.241	17.664	18.088	18.513	18.938	19.363	19.788	20.214
500	20.640	21.066	21.493	21.919	22.346	22.772	23.198	23.624	24.050	24.476
600	24.902	25.327	25.751	26.176	26.599	27.022	27.445	27.867	28.288	28.709
700	29.128	29.547	29.965	30.383	30.799	31.214	31.629	32.042	32.455	32.866
800	33.277	33.686	34.095	34.502	34.909	35.314	35.718	36.121	36.524	36.925
900	37.325	37.724	38.122	38.519	38.915	39.310	39.703	40.096	40.488	40.897
1000	41.269	41.657	42.045	42.432	42.817	43.202	43.585	43.968	44.349	44.729
1100	45.108	45.486	45.863	46.238	46.612	46.985	47.356	47.726	48.095	48.462
1200	48.828	49.192	49.555	49.916	50.276	50.633	50.990	51.344	51.697	52.049
1300	52.398									

表 3-3　铂铑$_{10}$-铂热电偶（S 型）分度表

工作端温度/℃	0	10	20	30	40	50	60	70	80	90
	热电动势/mV									
0	0.000	0.055	0.113	0.173	0.235	0.299	0.365	0.432	0.502	0.573
100	0.645	0.719	0.795	0.872	0.950	1.029	1.109	1.190	1.273	1.356
200	1.440	1.525	1.611	1.698	1.785	1.873	1.962	2.051	2.141	2.232
300	2.323	2.414	2.506	2.599	2.692	2.786	2.880	2.974	3.069	3.164
400	3.260	3.356	3.452	4.549	3.645	3.743	3.840	3.938	4.036	4.135
500	4.234	4.333	4.432	4.532	4.632	4.732	4.832	4.933	5.034	5.136
600	5.237	5.339	5.442	5.544	5.648	5.751	5.855	5.960	6.064	6.169
700	6.274	6.380	6.486	6.592	6.699	6.805	6.913	7.020	7.128	7.236
800	7.345	7.454	7.563	7.672	7.782	7.892	8.003	8.114	8.225	8.336
900	8.448	8.560	8.673	8.786	8.899	9.012	9.126	9.240	9.355	9.470
1000	9.585	9.700	9.816	9.932	10.048	10.165	10.282	10.400	10.517	10.635
1100	10.754	10.872	10.991	11.110	11.229	11.348	11.467	11.587	11.707	11.827
1200	11.947	12.067	12.188	12.308	12.429	12.550	12.671	12.792	12.913	13.034
1300	13.155	13.276	13.397	13.519	13.640	13.761	13.883	14.004	14.125	14.247
1400	14.368	14.489	14.610	14.731	14.793	14.852	15.094	15.215	15.336	15.456
1500	15.576	15.697	15.817	15.937	16.057	16.176	16.296	16.415	16.534	16.653
1600	16.771									

表 3-4　铂铑$_{30}$-铂铑$_6$热电偶（B 型）分度表

工作端温度/℃	0	10	20	30	40	50	60	70	80	90
	热电动势/mV									
0	-0.000	-0.002	-0.003	-0.002	0.000	0.002	0.006	0.011	0.017	0.025
100	0.033	0.043	0.053	0.065	0.078	0.092	0.107	0.123	0.140	0.159
200	0.178	0.199	0.220	0.243	0.266	0.291	0.317	0.344	0.372	0.401
300	0.431	0.462	0.494	0.527	0.561	0.596	0.632	0.669	0.707	0.746
400	0.786	0.827	0.870	0.913	0.957	1.002	1.048	1.095	1.143	1.192
500	1.241	1.292	1.344	1.397	1.450	1.505	1.560	1.617	1.674	1.732
600	1.791	1.851	1.912	1.974	2.036	2.100	2.164	2.230	2.296	2.363
700	2.430	2.499	2.569	2.639	2.710	2.782	2.855	2.928	3.003	3.078
800	3.154	3.231	3.308	3.387	3.466	3.546	3.626	3.708	3.790	3.873
900	3.957	4.041	4.126	4.212	4.298	4.386	4.474	4.562	4.652	4.742
1000	4.833	4.924	5.016	5.109	5.202	5.297	5.391	5.487	5.583	5.680
1100	5.777	5.875	5.973	6.073	6.172	6.273	6.374	6.475	6.577	6.680
1200	6.783	6.887	6.991	7.096	7.202	7.308	7.414	7.521	7.628	7.736
1300	7.845	7.953	8.063	8.172	8.283	8.393	8.504	8.616	8.727	8.839
1400	8.952	9.065	9.178	9.291	9.405	9.519	9.634	9.748	9.863	9.979

(续)

工作端温度 /℃	0	10	20	30	40	50	60	70	80	90
	热电动势/mV									
1500	10.094	10.210	10.325	10.441	10.558	10.674	10.790	10.907	11.024	11.141
1600	11.257	11.374	11.491	11.608	11.725	11.842	11.959	12.076	12.193	12.310
1700	12.426	12.543	12.659	12.776	12.892	13.008	13.124	13.239	13.354	13.470
1800	13.585									

表 3-5 铜-康铜热电偶（T 型）分度表

工作端温度 /℃	0	10	20	30	40	50	60	70	80	90
	热电动势/mV									
-200	-5.603	-5.753	-5.889	-6.007	-6.105	-6.181	-6.232	-6.258		
-100	-3.378	-3.656	-3.923	-4.177	-4.419	-4.648	-4.865	-5.069	-5.261	-5.439
-0	-0.000	-0.383	-0.757	-1.121	-1.475	-1.819	-2.152	-2.475	-2.788	-3.089
0	0.000	0.391	0.789	1.196	1.611	2.035	2.467	2.908	3.357	3.813
100	4.277	4.749	5.227	5.712	6.204	6.702	7.207	7.718	8.235	8.757
200	9.286	9.320	10.360	10.905	11.456	12.011	12.572	13.137	13.707	14.281
300	14.860	15.443	16.030	16.621	17.217	17.816	18.420	19.027	19.638	20.252
400	20.869									

3.1.3 热电偶的冷端补偿

由前面介绍的热电偶的工作原理可知，热电偶热电动势的大小，不仅与测量端即热端温度有关，还和冷端温度有关。当冷端温度为恒定值时，热电偶的热电动势才是被测温度的单值函数。同时热电偶的分度表又是以冷端温度恒为 0℃ 列出的，这样如果在测量中能够使冷端恒为 0℃，就不会在测量中产生误差。但是在实际的测温环境下，热电偶的冷端温度很难保持恒定的 0℃，原因有两点：

1）热电偶的长度是有限的，热端（被测端）会影响冷端的温度；

2）被测点环境温度差别很大，测量中受环境温度影响，很难把冷端温度控制在恒定不变的 0℃。针对这种实际情况，应用中通常采用一些补偿或修正的方法，消除冷端温度不为恒定 0℃ 时所带来的影响。有以下几种冷端补偿方法。

1. 补偿导线法

补偿导线法是工程实际中最常用的一种方法。目前，标准热电偶（除铠装外）一般都做得比较短，这也是由于热电偶的材料价格一般都比较贵。但是在节省成本的同时，造成冷端与热端（测量端）距离比较近，冷端温度受被测点温度影响波动较大，采用补偿导线可以把冷端延伸至距离被测点较远的可以保持温度恒定的场所，从而消除了由于冷端温度不恒定产生的测量误差。

热电偶补偿导线的概念：在一定温度范围内（包括常温）具有与所匹配的热电偶的热电动势的标称值相同的一对带有绝缘层的导线，用它们连接热电偶与测量装置，以补偿它们与热电偶连接处的温度变化所产生的误差。

热电偶补偿导线的作用：是来延伸热电极即移动热电偶的冷端，与显示仪表连接构成测温系统。图3-9为补偿导线在测温回路中的连接示意图。

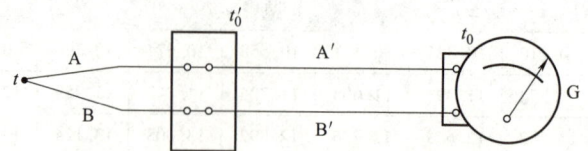

图3-9 补偿导线在测温回路中的连接图
A、B—热电偶两个电极　A′、B′—补偿导线
t_0'—热电偶原冷端温度　t_0—热电偶新冷端温度

热电偶补偿导线的选型：补偿导线分为延伸型和补偿型两大类。补偿导线的型号由两个字母构成，常用热电偶补偿导线的型号为：SC、KC、KX、EX、JX、TX。其中：

1) 型号第一个字母与热电偶的分度号相对应；
2) 字母"X"表示延伸型补偿导线（型别）；
3) 字母"C"表示补偿型补偿导线（型别）。

常用热电偶补偿导线如表3-6所示。

表3-6 常用热电偶补偿导线

补偿导线型号	配用热电偶型号	补偿导线合金线材料		绝缘层着色	
		正极	负极	正极	负极
SC	S(铂铑$_{10}$-铂)	SPC(铜)	SNC(铜镍)	红	绿
NC	N(镍铬硅-镍硅)	NPC(铁)	NNC(铜镍)	红	黄
KC	K(铜-康铜)	KPC(铜)	KNC(铜镍)	红	蓝
KX	K(镍铬-镍硅)	KPX(镍铬)	KNX(铜镍)	红	黑
EX	E(镍铬-铜镍)	EPX(镍铬)	ENX(铜镍)	红	棕
JX	J(铁-铜镍)	JPX(铁)	JNX(铜镍)	红	紫
TX	T(铜-铜镍)	TPX(铜)	TNX(铜镍)	红	白

利用补偿导线法，可以将冷端温度移到温度恒定的场所，一般为控制室或仪表室，消除了由于热端对冷端影响造成的测量误差。这种方法，还存在的一个问题就是，没有把冷端温度恒定为0℃。所以还需要再加以修正。

2. 计算修正法

实际应用中，冷端温度常常不是我们想要的恒定0℃，所以测出来的温度不能正确反映实际的温度值。所以必须进行温度修正，即利用中间温度定律进行修正。修正的原理公式为：

$$E_{AB}(t,0) = E_{AB}(t,t_0) + E_{AB}(t_0,0)$$

式中　t——被测点温度；

t_0——冷端的实际恒定温度。

例如，用镍铬-镍硅（K型）热电偶测某一温度，冷端温度恒定为30℃，测得热电动势为38.560mV。求测点的实际温度。

设测点的实际温度为 t，则 $E_{AB}(t,30)=38.560\mathrm{mV}$，查镍铬-镍硅（K型）热电偶分度表得 $E_{AB}(30,0)=1.203\mathrm{mV}$，则根据中间温度定律：

$$E_{AB}(t,0)=E_{AB}(t,30)+E_{AB}(30,0)=38.560+1.203=39.763(\mathrm{mV})$$

再查镍铬-镍硅（K型）热电偶分度表得：$t\approx 962℃$，即被测点的实际温度为962℃。

3. 零点迁移法

零点迁移法又叫显示仪表机械零位调整法。如果冷端温度为恒定值（但不为0℃），工程上常采用这种比较简单方便的方法进行温度测量值的修正。即在测量仪表工作之前，将具有零位调整装置的温度显示仪表的指针从零位调整到已知的冷端温度值上。这样显示仪表的指示值就和测量点的温度值是一致的。

这种方法原理简单、操作方便，只要冷端温度能够保持在初始值不变，仪表的指示值就永远是准确的。但是，有一点是需要特别注意的：当冷端温度发生变化时，必须及时断电，将仪表的机械零点重新调整至新的冷端温度值处。

4. 电桥补偿法

电桥补偿法是利用不平衡电桥产生的不平衡电势去自动地补偿因热电偶冷端温度变化而引起的热电动势的变化。实质上就是产生一个直流信号等于热电偶在冷端温度下的电动势的毫伏发生器，将它串接在热电偶的测量电路中，就可以在测量时使显示值得到自动补偿。

如图 3-10 所示，电桥补偿电路由三个电阻温度系数较小的锰铜丝绕制的电阻 R_1、R_2、R_3 及电阻温度系数较大的铜丝绕制的电阻 R_{Cu} 和稳压电源组成。补偿电桥与热电偶冷端处在同一环境温度，当冷端温度变化引起的热电势 $E_{AB}(t,t_0)$ 变化时，由于 R_{Cu} 的阻值随冷端温度变化而变化，适当选择桥臂电阻和桥路电流，就可以使电桥产生的不平衡电压 U_{ab} 补偿由于冷端温度 t_0 变化引起的热电势变化量，从而达到自动补偿的目的。

通常情况下，设计电阻 $R_1=R_2=R_3=1\Omega$，在环境温度20℃时，$R_{Cu}^{20}=1\Omega$，电桥处于平衡状态，即 $U_{ab}=0$，不起补偿作用。当环境温度超过 20℃ 时，R_{Cu} 增大，电桥失去平衡，$U_{ab}>0$，与热电偶的热端电动势叠加一起送入测量仪表，测量仪表显示数值保持不变。值得注意的是，电桥电路在 20℃ 时处于平衡状态，所以使用这种方法补偿需要把仪表的机械零位调整到 20℃。

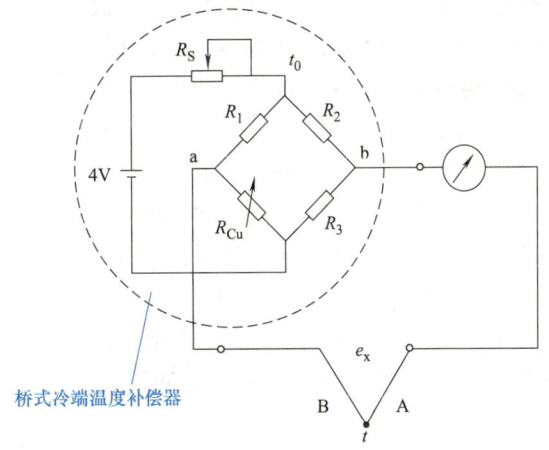

图 3-10　热电偶电桥补偿电路

5. 冰浴法

冰浴法是在实验室中采用的一种方法，这种方法是把热电偶的冷端置于冰水混合物的容器里，保证冷端温度 $t_0=0℃$。如图 3-11 所示，这种方法精度比较高，为了避免冰水混合物导电引起短路，须将两个连接点分别置于两个玻璃管里，再进入同一冰点槽中。

3.1.4　热电偶传感器应用实例

在某个工业机器人系统中，需要测量电炉内的温度，该温度最高可能达到1000℃。要求设计一个温度测量系统。

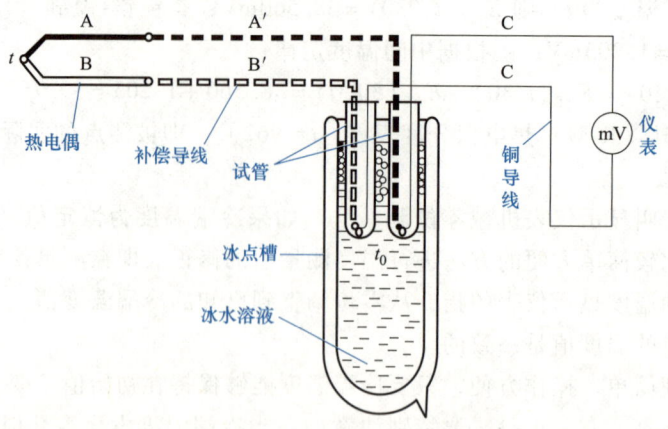

图 3-11 冰浴法示意图

因为电炉内的温度高,最高可达 1000℃,所以根据热电偶的适用范围,选用了 S 型热电偶,即铂铑$_{10}$-铂热电偶,其最高工作温度可达 1600℃,能很好地胜任本任务。根据 S 型热电偶分度表,1000℃时其输出电势才 9.587mV,如果系统能正确测量 1000℃的话,对其放大 240 倍,A-D 转换器才能正确分辨。放大电路采用前置放大和后置放大两级放大的形式。前级放大约 40 倍,后置放大电路再放大约 6 倍。由于热电偶要置入电炉中工作,其输出信号杂波很大,特别是工频 50Hz 干扰尤甚,这些干扰都是以共模干扰的形式出现的。采用差分放大的形式对于共模干扰有很强的抑制作用,大大减少了热电偶输出信号里的杂波干扰。W_5 为运放 OP07 的调零电位器,调整 W_5,可以使运放精确调零,实现"零入零出"。R_9 和 W_4 构成可调放大倍数的反馈电阻,在实现"零入零出"。D_{12}、D_{13} 为两个反相并联的普通二极管,实现运放输出限幅保护。R_{12}、R_{13} 两电阻之和为 200kΩ,用于平衡反馈电阻。采用两个电阻的形式是使其更易于调整,对于电路板尺寸有严格要求的场合则可把这两个电阻合二为一。

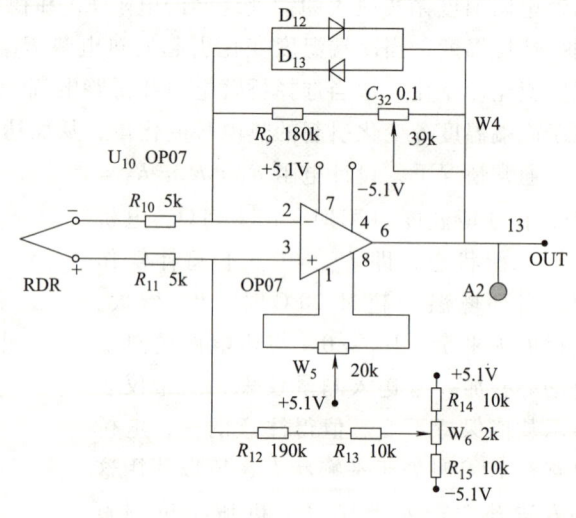

图 3-12 某测温系统原理图

3.2 热电阻传感器

热电阻温度传感器也是在工程实际中常用的热电式传感器,它可应用低温范围的测量,一般热电阻式传感器可测量 -200 ~ 500℃ 范围内的温度。有些热电阻的测量范围已经扩展到 1 ~ 5K(-272.15 ~ -268.15℃)的超低温范围内。

3.2.1 热电阻的基本特性

导体的电阻率随温度变化而变化的物理现象称为导体的热阻效应。金属热电阻就是利用热阻效应来进行温度测量的。

金属导体的热阻特性方程为 $R_t = R_0[1 + \alpha(t - t_0)]$,式中 R_t 为热电阻在 t℃时的电阻值;R_0 为热电阻在 0℃时的电阻值;α 为热电阻的电阻温度系数。对于大多数的金属导体,α 是一个温度的函数,而不是一个常数。但对于不同的金属导体,在一定的温度范围内,α 可看作是一个常数。

对于测温用的金属导体,需要具备如下特性:

1)电阻温度系数 α 越大,测量结果精测度越高;
2)在测温范围内,电阻值与温度变化之间应具有良好的线性关系;
3)在测温范围内,材料应具有良好的物理稳定性和化学稳定性;
4)热电阻电阻率要高,以便减小热电阻的体积;
5)材料质量要纯,容易加工复制,价格便宜。

3.2.2 热电阻的分类

1. 铂电阻

金属铂的电阻率较大,物理和化学稳定性较高。铂电阻的特点是测温精度高、稳定性好,所以在目前的实际应用中相当广泛。铂电阻的测温范围 -200~850℃。

铂电阻的温度特性方程为:

$$\begin{cases} R_t = R_0[1 + At + Bt^2 + Ct^3(t-100)] & t \in (-200℃, 0℃) \\ R_t = R_0(1 + At + Bt^2) & t \in (0℃, 850℃) \end{cases} \quad (3\text{-}8)$$

式中 R_t——温度为 t 时的电阻值;

R_0——温度为 0℃时的电阻值;

A——常数,$A = 3.96847 \times 10^{-3}/℃$;

B——常数,$B = -5.847 \times 10^{-7}/℃^2$;

C——常数,$C = -4.22 \times 10^{-12}/℃^4$。

常用的铂电阻有两种,分度号为 Pt100 和 Pt10,最常用的是 Pt100,$R(0℃) = 100\Omega$,分度表见表 3-7。

表 3-7 铂电阻(分度号为 Pt100)分度表

温度/℃	0	10	20	30	40	50	60	70	80	90
	电阻值/Ω									
-200	18.49									
-100	60.25	56.19	52.11	48.00	43.37	39.71	35.53	31.32	27.08	22.80
-0	100.00	96.09	92.16	88.22	84.27	80.31	76.32	72.33	68.33	64.30
0	100.00	103.90	107.79	111.67	115.54	119.40	123.24	127.07	130.89	134.70
100	136.50	142.29	146.06	149.82	153.58	157.31	161.04	164.76	168.46	172.16
200	175.84	179.51	183.17	186.32	190.45	194.07	197.69	201.29	204.88	208.45
300	212.02	215.57	219.12	222.65	226.17	229.67	233.17	236.65	240.13	243.59
400	247.04	250.48	253.90	257.32	260.72	264.11	267.49	270.86	274.22	277.56

(续)

温度/℃	0	10	20	30	40	50	60	70	80	90
	电阻值/Ω									
500	280.90	284.22	287.53	290.83	294.11	297.39	300.65	303.91	307.15	310.38
600	313.59	316.80	319.99	323.18	326.35	329.51	332.66	335.79	338.92	342.03
700	345.13	348.22	351.30	354.37	357.42	360.47	363.50	366.52	369.53	372.52
800	375.51	378.48	381.45	384.40	387.34	390.26				

2. 铜电阻

铂电阻属于贵重金属，价格比较昂贵，所以在一些对测量精度要求不高，测量范围小的场合，大多采用铜电阻。铜电阻具有较大的电阻温度系数，材料容易提纯，铜电阻的阻值与温度之间接近线性关系，而且铜电阻的价格比较便宜，所以铜电阻在工业上应用的比较广泛。

铜电阻的温度特性方程为：

$$R_t = R_0(1 + \alpha t) \qquad t \in (-50℃, 150℃) \qquad (3-9)$$

式中　R_t——温度为 t 时的电阻值；

R_0——温度为 0℃ 时的电阻值；

α——温度为 0℃ 时的电阻温度系数，$\alpha = 4.25 \times 10^{-3} \sim 4.28 \times 10^{-3}/℃$。

工业上用的铜电阻分度号为 Cu50 和 Cu100，其 $R(0℃)$ 分别为 50Ω 和 100Ω。分度表见表 3-8 和表 3-9。

表 3-8　铜电阻（分度号为 Cu50）分度表

温度/℃	0	10	20	30	40	50	60	70	80	90
	电阻值/Ω									
-0	50.00	47.85	45.70	43.55	41.40	39.24				
0	50.00	52.14	54.28	56.42	58.56	60.70	62.84	64.98	67.12	69.26
100	71.40	73.54	75.68	77.83	79.98	82.13				

表 3-9　铜电阻（分度号为 Cu100）分度表

温度/℃	0	10	20	30	40	50	60	70	80	90
	电阻值/Ω									
-0	100.00	95.70	91.40	87.10	82.80	78.49				
0	100.00	104.28	108.56	112.84	117.12	121.40	125.68	129.96	134.24	138.52
100	142.80	147.08	151.36	155.66	159.96	164.27				

3. 其他热电阻

（1）铟电阻

它是一种高精度低温热电阻。铟的熔点约为 150℃，在 4.2~15K 温度域内其灵敏度比铂的高 10 倍，故可用于不能使用铂的低温范围。其缺点是材料很软，复制性很差。

（2）锰电阻

在 2~63K 的低温范围内，锰电阻的阻值随温度变化很大，灵敏度高；在 2~16K 的温

第 3 章 温度传感器

度范围内,电阻率随温度平方变化。磁场对锰电阻的影响不大,且有规律。锰电阻的缺点是脆性很大,难以绕制成丝。

3.2.3 热电阻传感器的结构

热电阻传感器的结构如图 3-13 所示,主要由电阻体、绝缘套管、安装固定件、接线盒和引线口组成。电阻体主要由电阻丝、引出线、骨架等部分构成。

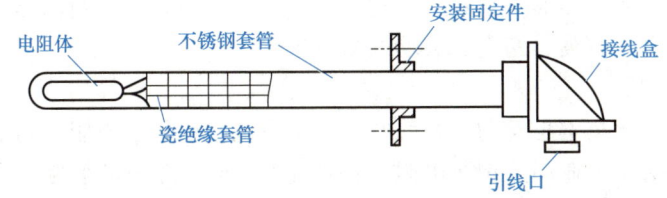

图 3-13 热电阻传感器的结构示意图

铂电阻用铂丝绕在云母片制成的片形支架上,绕组的两面用云母片夹住绝缘,如图 3-14 所示。铜电阻由绝缘铜丝绕在圆形骨架上,如图 3-15 所示。在骨架上烧制好热电阻丝,并焊好引线后,在其外面加上云母片进行保护,再装入外保护套管,并和接线盒或外部导线相连接,即得到热电阻传感器。

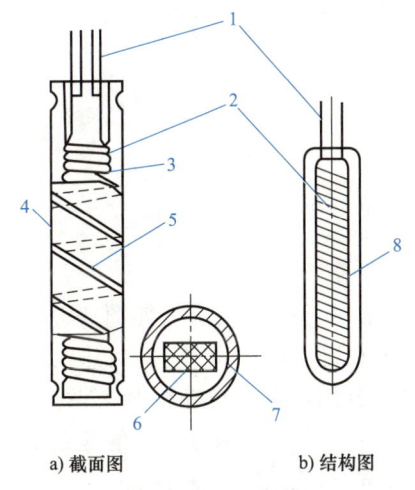

a) 截面图　　b) 结构图

图 3-14 铂热电阻的构造

1—银引出线　2—铂丝　3—锯齿形云母骨架
4—保护用云母片　5—银绑带　6—铂电阻横
断面　7—保护套管　8—石英骨架

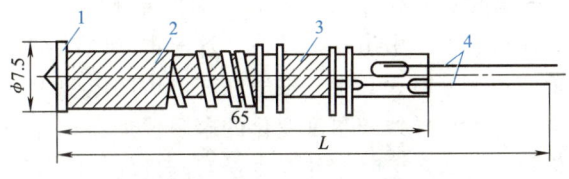

图 3-15 铜热电阻体

1—线圈骨架　2—铜热电阻丝　3—补偿组　4—铜引出线

1. 电阻丝

由于铂的电阻率大,而且相对机械强度较大,通常铂丝直径在 0.05~0.07mm,可单层绕制,电阻体可做得很小。若电阻丝太细,则强度降低;若电阻丝做得太粗,虽然强度提高了,但是电阻体大,热惯性也大,而且成本会很高。

铜的机械强度较低,电阻丝的直径较大,一般为 0.1 mm 的漆包铜线或丝包线分层绕在骨架上,并涂上绝缘漆而成。铜电阻的温度低,可进行重叠多层绕制。工业生产用的铜电阻丝多采用双绕法，双绕法即为两根电阻丝平行绕制，在末端把两个头焊接起来。这样工作电流从一根热电阻丝进入，从另一根电阻丝反向流出，形成两个电流方向相反的线圈，磁场方向相反，产生的电感相互抵消，也叫作无感绕法。

2. 骨架

热电阻丝是绕制在骨架上的，骨架是用来支持和固定电阻丝的。骨架应使用电绝缘性能好、高温下机械强度高、体膨胀系数小，物理化学性能稳定，对热电阻丝无污染的材料制造而成，常用的有云母、石英、陶瓷、玻璃及塑料等。

3. 引线

引线的直径应当比热电阻丝的直径大几倍，尽量减小引线的电阻，增加引线的机械强度和连接的可靠性。对于工业用的铂热电阻，一般采用 1mm 的银丝作为引线，而标准铂热电阻则用 0.3mm 的铂丝作为引线。对于铜热电阻则常采用 0.5mm 的铜线作为引线。

3.2.4 热电阻传感器的测量电路

热电阻传感器的测量电路，常采用电桥电路，热电阻的测量线路有二线制、三线制和四线制三种接法。由于工业用热电阻安装在生产现场，距离控制室一般较远，因此热电阻的引线对测量结果有较大影响。为了减小或消除引线电阻的影响，目前，热电阻引线的连接方式经常采用三线制和四线制两种，具体的接线如图 3-16 所示。

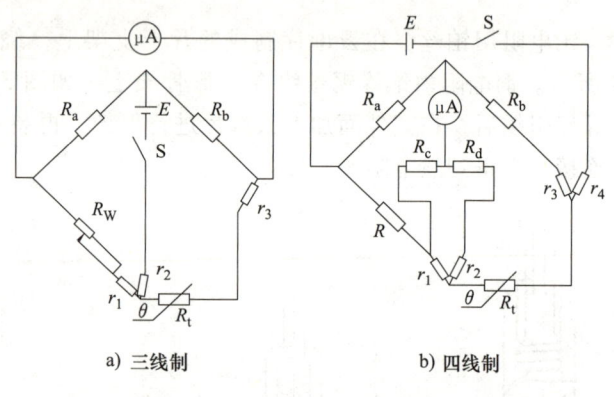

图 3-16 热电阻传感器的测量电路

1. 三线制

为避免或减少导线电阻对测温的影响，工业热电阻多采用三线制接法，如图 3-16a 所示。即从热电阻引出三根导线，这三根导线粗细相同、长度相等、阻值都是 r。当热电阻与测量电桥连接时，其中一根串联在电桥的电源上，另外两根分别串联在电桥的相邻两臂中，这样就把连接导线随温度变化的电阻值加在相邻的两个桥臂上。当相邻两臂的阻值随温度都变化同样大的阻值时，其变化量对测量的影响就可以相互抵消。

2. 四线制

在电阻体的两端各连接两根引线称为四线制接法，如图 3-16b 所示。它是在热电阻两端各连两根导线，其中两根引线为热电阻提供恒流源，在热电阻上产生的压降通过另外两根导线接入电势测量仪表。这种引线方式不仅消除连接线电阻的影响，而且可以消除测量电路中寄生电动势引起的误差。这种引线方式主要用于高精度的温度检测。

3.3 热敏电阻传感器

半导体热敏电阻是利用半导体的电阻率随温度显著变化的特性制成的，常用的半导体材料有铁、镍、锰、钴、钼、钛、镁、铜等的氧化物或化合物。热敏电阻传感器在一定的范围内通过测量热敏电阻阻值的变化情况，就可以确定被测介质的温度变化情况。热敏电阻的特点表现为：灵敏度高、体积小、反应快。

3.3.1 热敏电阻的分类

按照热敏电阻的阻值与温度关系的特性，人们将热敏电阻分为以下三类，如图 3-17 所示。

负温度系数热敏电阻（NTC）：在工作温度范围内，阻值随着温度的上升而线性下降。特别适用于：-100～300℃测温。负温度系数热敏电阻通常用于需要定点测温的温度控制电路，如冰箱、空调等的温度控制系统。

正温度系数热敏电阻（PTC）：阻值随温度升高而增大，且有斜率最大的区域，当温度超过某一数值时，其电阻值朝正的方向快速变化。正温度系数热敏电阻通常用于恒温、调温、自动控温，适于电动机等电器装置的过热探测。

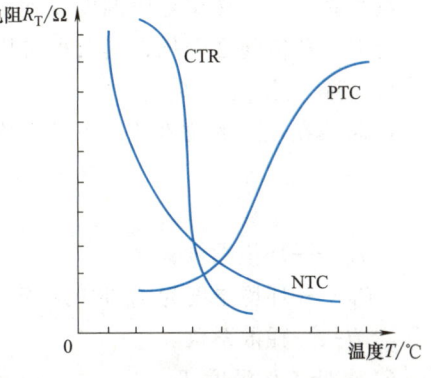

图 3-17　三类热敏电阻的温度特性曲线

临界负温度系数热敏电阻（CTR）：具有负温度系数，但在某个温度范围内电阻值急剧下降，曲线斜率在此区段特别陡，灵敏度极高。临界负温度系数热敏电阻主要适用于做温度开关元件。

每类热敏电阻按照组成材料的不同，又可以细分为多种小类别，具体分类如表 3-10 所示。

表 3-10　热敏电阻材料的分类

热敏电阻分类	细分类型	组成材料
NTC	单品	金刚石、Ge、Si
	多品	金属氧化复合烧结体、无缺陷形金属氧化烧结体多结晶单体、固溶体形多结晶氧化物 SiC 系
	玻璃	Ge、Fe、V 等氧化物、硫硒碲化合物、玻璃
	有机物	芳香族化合物
	液体	电解质溶液、熔融硫硒碲化合物
PTC	无机物	$BaTiO_3$ 系、Zn、Ti、Ni 氧化物系、Si 系、硫硒碲化合物
	有机物	石墨系有机物
	液体	三乙烯醇混合物
CTR		V、Ti 氧化物系，Ag_2S、(AgCu)、(ZnCdHg)$BaTiO_3$ 单晶

3.3.2 热敏电阻的主要参数

1. 标称电阻 R_{25}（冷阻）

标称电阻值是热敏电阻在（25±0.2）℃时的阻值。

2. 电阻温度系数（%/℃）

电阻温度系数是指热敏电阻在温度变化1℃时电阻值的变化率。

3. 额定功率 P_E

热敏电阻器在规定的条件下，长期连续负荷工作所允许的消耗功率。在此功率下，它自身温度不应超过最高温度 T。

4. 耗散系数 H

耗散系数是指热敏电阻温度变化 1℃ 所耗散的功率变化量。在工作范围内，当环境温度变化时，H 值随之变化，其大小与热敏电阻的结构、形状和所处介质的种类及状态有关。

5. 最高工作温度 $T_{\max}$

电阻器在规定的技术条件下长期连续工作所允许的最高温度。

$$T_{\max} = T_0 + \frac{P_E}{H} \tag{3-10}$$

式中　T_0——环境温度；
　　　P_E——环境温度为 T_0 时的额定功率；
　　　H——耗散系数。

6. 最低工作温度 $T_{\min}$

最低工作温度是指热敏电阻在规定的技术条件下能长期连续工作的最低温度。

7. 材料常数 B

表征热敏电阻材料的物理特性常数。用 B_N 表示负温度系数（NTC）的 B 值，用 B_P 表示正温度系数（PTC）的 B 值。B 值决定于材料的激活能 ΔE。

$$B = \frac{\Delta E}{2k} \tag{3-11}$$

3.3.3　热敏电阻的伏安特性

热敏电阻伏安特性表示加在其两端的电压和通过的电流，在热敏电阻和周围介质热平衡时的相互关系。

1. NTC 型热敏电阻器

图 3-18 是在环境温度为 T_0 时的静态介质中测出的静态 U–I 曲线。

热敏电阻的端电压 U_T 和通过它的电流 I 有如下关系：

$$U_T = IR_T = IR_0 \exp\left[B_N\left(\frac{1}{T} - \frac{1}{T_0}\right)\right] = IR_0 \exp\left(B_N \frac{\Delta T}{T - T_0}\right) \tag{3-12}$$

式中　T_0——环境温度；
　　　ΔT——热敏电阻的温升。

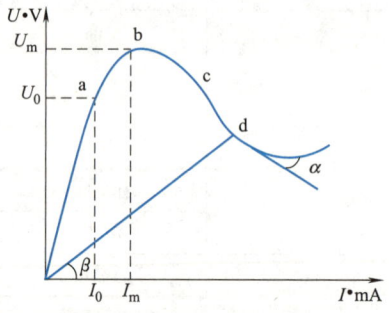

图 3-18　NTC 热敏电阻的静态伏安特性

2. PTC 型热敏电阻器

图 3-19 所示是 PTC 型热敏电阻器的伏安特性曲线。它和 NTC 型热敏电阻器一样，曲线的起始段为直线，其斜率与热敏电阻器在环境温度下的电阻值相等。这是因为流过电阻器的电流很小时，耗散功率引起的温升可以忽略不计的缘故。当热敏电阻器温度超过环境温度时，引起电阻值增大，曲线开始弯曲。当电压增至 U_m 时，存在一个电流最大值 I_m；如电压继续增加，由于温升引起电阻值增加速度超过电压增

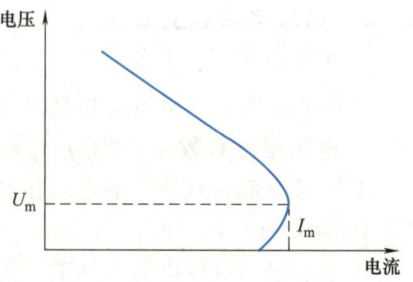

图 3-19　PTC 热敏电阻的静态伏安特性

的速度，电流反而减小，即曲线斜率由正变负。

3.3.4 热敏电阻的应用

热敏电阻的伏安特性决定了热敏电阻的应用领域，应用较多的领域为检测和电子电路。表 3-11 和表 3-12 分别是热敏电阻作为检测传感元件的应用和作为电子电路元件的应用。

表 3-11 热敏电阻作为传感器的应用

伏安特性的位置（U_m——峰值电压）	热敏电阻传感器仪器仪表
U_m 的左边	温度计、温度差计、温度补偿、微小温度检测、温度报警、温度继电器、温度计、相对分子质量测定、水分计、热计、红外探测器、热传导测定、比热容测定
U_m 的附近	液位测定、液位检测
U_m 的右边	流速计、流量计、气体分析仪、真空计、热导分析
旁热型热敏电阻	风速计、液面计、真空计

表 3-12 热敏电阻元件在电子电路中的应用

伏安特性的位置（U_m——峰值电压）	热敏电阻元件功能
U_m 的左边	偏置线的温度补偿、仪表温度补偿、热电偶温度补偿、晶体管温度补偿
U_m 的附近	恒压电路、延迟电路、保护电路
U_m 的右边	自动增益控制电路、RC 振荡器、振幅稳定电路

3.4 实训课题 双限超温报警器的安装与调试

1. 实训目的

1）掌握电位器、电解电容及电阻的检测方法。

2）会应用热敏电阻。

2. 工作原理

图 3-20 表示双向超温声光报警电路原理图。温度传感器 R_1 是一个负温度系数的热敏电阻，其阻值随温度而变化。电位器 RP_1 和 RP_2 分别预置上限和下限的温控点。当在允许的温度范围内时，电位器 RP_1 的中点电位低于反相器 F_1 的阈值电位，F_1 输出高电位，晶体管 VT_1 截止，发光二极管 LED_1 不亮。电位器 RP_2 的中点电位则调至高于反相器 F_2 的阈值电位，F_2 输出低电位，晶体管 VT_2 也截止（VT_2 为 NPN 型），发光二极管 LED_2 也不亮。此时 A 点为零电位，二极管 VD_1 导通，使反相器 F_3 的输入端被箝于低电位，也就使由反相器 F_3 和 F_4 等组成的约每秒 1Hz 的振荡器处于停振状态。同理，由反相器 F_5、F_6 等组成的约 1kHz 的振荡器，由于二极管 VD_2 的箝位作用，也处于停振状态。压电陶瓷片 HTD 不发声。当温度上升超过允许范围的上限温控点时，由于热敏电阻 R_1 的负温度系数特性，其阻值减小，使电位器 RP_1 的中点电位上升到大于反相器 F_1 的阈值电位，使 F_1 翻转，输出低电位，晶体管 VT_1 导通，发光二极管 LED_1 亮，使 A 点电位被抬高，二极管 VD_1 截止，频率为 1Hz 的振荡器起振，HTD 时响时停，所以发出断断续续的"嘀"、"嘀"的报警声，进行超上限声光报警。当温度降低超过下限温控点时，电位器 RP_2 的中点电位低于反相器 F_2 的阈值电位，F_2 翻转，输出高电位，晶体管 VT_2 导通，LED_2 亮，A 点电位被抬高，VD_1 截止，使后

边的振荡器起振，HTD 发出报警声，进行超下限声光报警。调节电位器 RP_1 和 RP_2 可预置不同范围的上下限温控点，实现不同温度范围的监示报警。

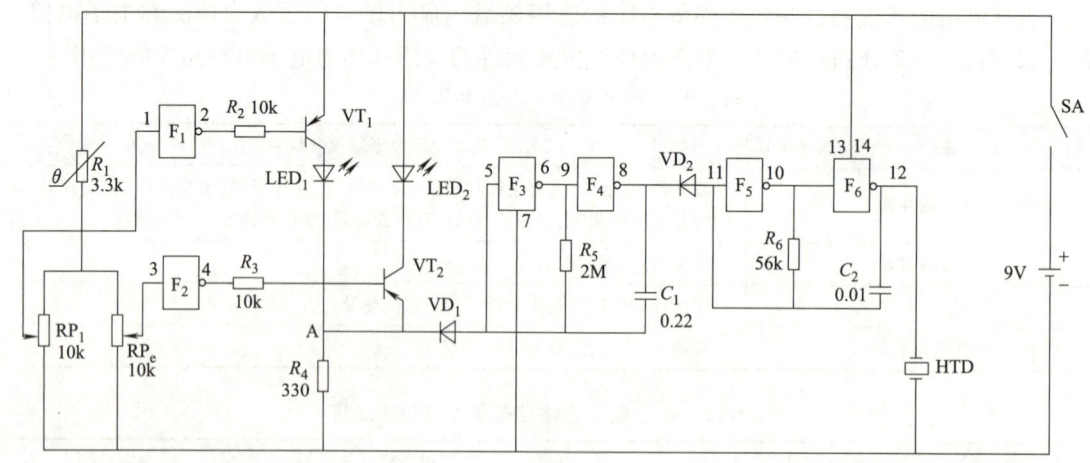

图 3-20　双向超温声光报警电路原理图

3. 元件选择

反相器 $F_1 \sim F_6$ 选用一片 CMOS 集成电路 C033 六反相器，图 3-21 表示其内部功能和引出线排列。VT_1 选用 3CG21，$\beta \geq 50$；VT_2 选用 3DG6 或 3DG201，$\beta \geq 50$，其穿透电流越小越好。VD_1、VD_2 选用正向压降较小的锗二极管，如 2AP9、2AP15 等；LDE_1、LED_2 选用 2EF 型，两只管可采用不同颜色，以区分超温的上限下限。R_1 选用负温度系数、限值可在 $2.7 \sim 3.9 k\Omega$ 的热敏电阻；RP_1、RP_2 选用小型线性实芯电位器。HTD 选用 $\phi 27mm$ 压电陶瓷片。电源选用 9V 叠层电池，可是体积做得较小。其他元件如图标示，无特殊要求。

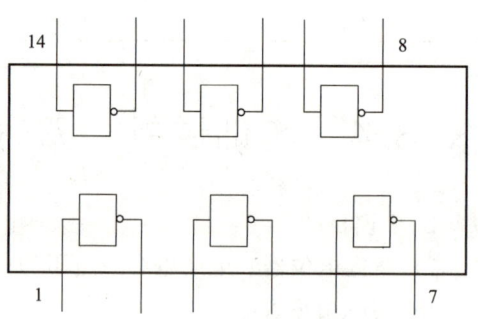

图 3-21　C033 六反相器引出线排列示意图

4. 制作与调试

将所有元件焊装在一块印制电路板上。由于 CMOS 片的引脚距离较近，可用刀刻法制作电路板，即将不需要的覆铜箔划开除去即可。CMOS 片直接焊在覆铜板面，焊接时应将电烙铁外壳良好接地，或拔下电源插头利用余热焊接以免损坏集成块。

5. 使用步骤

在使用本装置之前，应根据所需的报警温控点，首先预置电位器 RP_1 和 RP_2 的中点位置。如果允许温度 T 在 $20 \sim 30℃$，即其上下限温控点分别为 $30℃$ 和 $20℃$，则应根据这两点来分别调整电位器 RP_1 和 RP_2。在调整之前，应将 RP_1 的中点旋至最下端，RP_2 的中点旋至最上端，分别使反相器 F_1、F_2 输出高和低电位，使 VT_1、VT_2 均截止，发光二极管 LED_1、LED_2 都不亮，HTD 不发声。然后将热敏电阻 R_1 插入盛着 $30℃$ 水的水杯中，注意热敏电阻的两条引线以及与导线连接的焊点处不能裸露在水中，需要做绝缘处理（引线的绝缘处理可采用涂绝缘漆或普通油漆的方法，也可采用涂上电烙铁熔化的石蜡或松香的方法）。R_1 插入水中后，略等半分钟左右，然后再调整上限温控点 RP_1，慢慢将中点往上端旋，一直到 LED_1 点亮，HTD 发出警报声时立即停止，这时上限点即已调好。然后，再将水杯中的水温调整到 20℃，将 RP_2 的中点慢慢往下旋，当 LED_2 亮及 HTD 发出报警声时，停止旋动，这样，下限点也调好了。经过上述调整后，本装置即可用来监视 20～30℃ 范围的温度了，一旦超出这个范围，就立即发出报警声，同时，发光二极管显示出温度是过高还是过低，以便采取升温或降温的措施。

6. 数据结论

热敏电阻随温度升高阻值减小，应用该特性可以实现温度的检测。

本 章 小 结

本章主要介绍了热电偶传感器、热电阻传感器、热敏电阻传感器温度检测的基本原理、方法及应用。

热电偶是将温度量转换为电动势大小的热电式传感器。它具有装配简单、更换方便，测量精度高，测量范围大，机械强度高、耐压性能好等优点，可用来测量流体、固体以及固体壁面的温度，在工业生产中得到了广泛的应用。

热电阻温度传感器是在工程实际中常用的热电式传感器，它可应用低温范围的测量，一般热电阻式传感器可测量 -200～500℃ 范围内的温度。

半导体热敏电阻是利用半导体的电阻率随温度显著变化的特性制成的。热敏电阻的特点表现为：灵敏度高、体积小、反应快。

思 考 题

1. 什么是金属导体的热电效应？试说明热电偶的测温原理。
2. 补偿导线的作用是什么？
3. 试比较热电阻和半导体热敏电阻的异同。
4. 试从原理、系统组成以及应用场合三方面比较热电偶传感器与热电阻传感器的不同之处。
5. 已知铂铑$_{10}$-铂（S）热电偶的冷端温度 $t_0 = 25℃$，现测得热电动势 $E(t, t_0) = 11.712\mathrm{mV}$，求热端温度 t 是多少摄氏度？

第4章 位移传感器

位移是指物体上某一点在一定的方向上的位置变化，是一个有大小和方向的物理量。位移传感器可以用来直接测量目标物的移动量或转动量，也可以通过位移测量的方法测量物位、厚度、距离等长度参数，还可以通过微位移间接的测量压力、应变、速度、加速度等其他物理量。

一般在工程应用中，将位移测量分为模拟式测量和数字式测量两大类。模拟式传感器经过 A-D 转换器将信号转换成数字信号，然后通过微机和其他数字设备处理，虽然是一种简便和有用的方法，但是由于 A-D 转换器的精度和采集电路的参考电压精度等问题的限制，系统总体精度也受到一定的限制。

随着微型计算机的迅速发展，出现了数字式传感器，它是一种能将被测量（一般是位移量）转化为数字信号，并进行精确检测和控制的传感器。它比模拟式传感器的测量精度和分辨率高，抗干扰能力更强，稳定性更好，便于集成在检测和自动化测量系统中。

本章主要介绍光栅传感器、磁栅传感器、感应同步器等数字式位移检测的原理及方法。

4.1 光栅传感器

光栅传感器是根据莫尔条纹原理工作的测量反馈装置，主要用于位移测量和位移相关的物理量，如速度、加速度、振动、质量、表面轮廓等方面。其测量输出的信号为数字脉冲，具有检测范围大、检测精度高、响应速度快、抗干扰能力强的特点。

常见的光栅位移传感器如图 4-1 和图 4-2 所示。

4.1.1 光栅的基本结构

光栅是一种数字式位移检测元件，主要由标尺光栅和光栅读数头两部分组成。通常，标

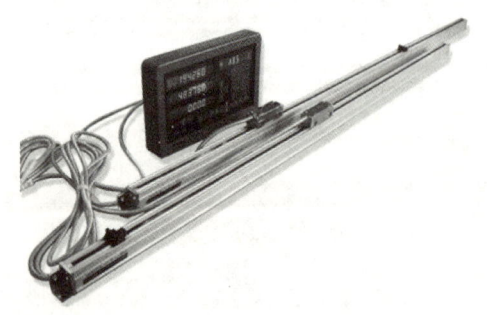

图 4-1 测量线性位移的光栅尺

图 4-2 测量角位移的圆光栅尺

第4章 位移传感器

尺光栅固定在活动部件上,如机床的工作台或丝杠上。光栅读数头则安装在固定部件上,如机床的底座上。当活动部件移动时,读数头和标尺光栅也就随之作相对的移动。

1. 光栅尺

标尺光栅和光栅读数头中的指示光栅构成光栅尺,如图 4-3 所示,其中长的一块为标尺光栅,短的一块为指示光栅。两光栅上均匀地刻有相互平行、透光和不透光相间的线纹,这些线纹与两光栅相对运动的方向垂直。从图上光栅尺线纹的局部放大部分来看,白的部分 b 为透光线纹宽度,黑的部分 a 为不透光线纹宽度,设栅距为 W,则 $W = a + b$,一般光栅尺的透光

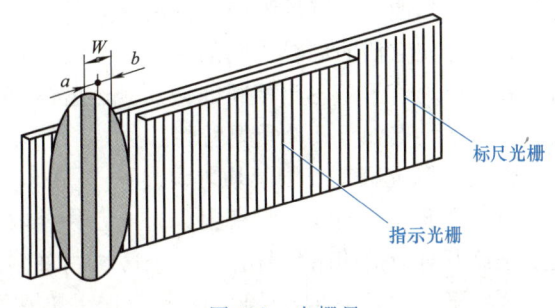

图 4-3 光栅尺

线纹和不透光线纹宽度是相等的,即 $a = b$。常见长光栅的线纹宽度为 25 线/mm、50 线/mm、100 线/mm、125 线/mm、250 线/mm。

2. 光栅读数头

光栅读数头由光源、透镜、指示光栅、光电元件和驱动电路组成,如图 4-4a 所示。光栅读数头的光源一般采用白炽灯。白炽灯发出的光线经过透镜后变成平行光束,照射在光栅尺上。由于光电元件输出的电压信号比较微弱,因此必须首先将该电压信号进行放大,以避免在传输过程中被多种干扰信号所淹没、覆盖而造成失真。驱动电路的功能就是实现对光电元件输出信号进行功率放大和电压放大。

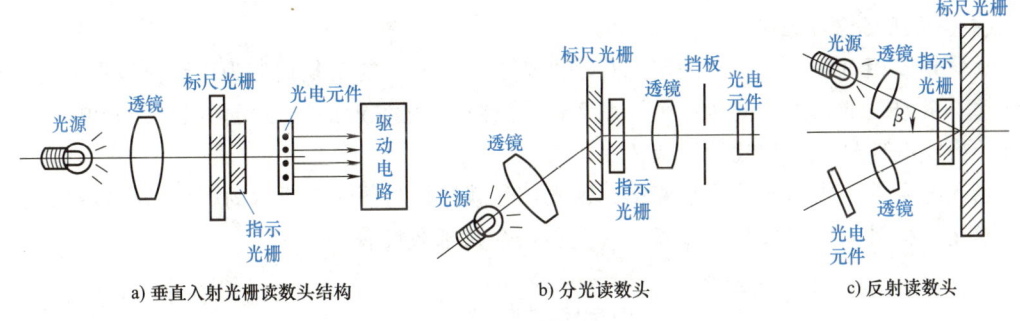

a) 垂直入射光栅读数头结构　　b) 分光读数头　　c) 反射读数头

图 4-4 光栅读数头

光栅读数头的结构形式按光路分,除了垂直入射式外,常见的还有分光读数头、反射读数头等,它们的结构如图 4-4b、图 4-4c 所示。

光栅按其形状和用途可以分为长光栅和圆光栅两类,长光栅用于长度测量,又称直线光栅,圆光栅用于角度测量;按光线的走向可分为透射光栅和反射光栅。

4.1.2　光栅传感器的工作原理

在用光栅测量位移时,由于刻线很密,栅距很小,而光敏元件有一定的机械尺寸,故很难分辨到底移动了多少个栅距,实际测量时是利用光栅的莫尔条纹现象进行的。

1. 莫尔条纹

光栅是利用莫尔条纹现象来进行测量的。所谓莫尔(Moire),法文的原意是水面上产生

的波纹。莫尔条纹是指两块光栅叠合时，出现光的明暗相间的条纹，从光学原理来讲，如果光栅栅距与光的波长相比较是很大的话，就可以按几何光学原理来进行分析。如图4-5所示为两块栅距相等的光栅叠合在一起，并使它们的刻线之间的夹角为θ时，这时光栅上就会出现若干条明暗相间的条纹，这就是莫尔条纹。莫尔条纹有如下几个重要特性：

（1）消除光栅刻线的不均匀误差

由于光栅尺的刻线非常密集，光电元件接收到的莫尔条纹所对应的明暗信号，是一个区域内许多刻线的综合结果。因此它对光栅尺的栅距误差有平均效应，这有利于提高光栅的测量精度。

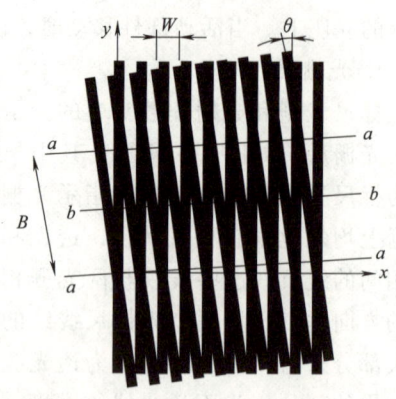

图 4-5　等栅距形成的莫尔条纹（$\theta \neq 0$）

x—光栅移动方向　y—莫尔条纹移动方向

（2）位移的放大特性

莫尔条纹间距是放大了的光栅栅距W，它随着光栅刻线夹角θ而改变。当$\theta \ll 1$时，可推导得莫尔条纹的间距$B \approx W/\theta$。可知θ越小，则B越大，相当于把微小的栅距扩大了$1/\theta$倍。

（3）移动特性

莫尔条纹随光栅尺的移动而移动，它们之间有严格的对应关系，包括移动方向和位移量。位移一个栅距W，莫尔条纹也移动一个间距B。移动方向的关系表示在表4-1中。如图4-5中主光栅相对指示光栅的转角方向为逆时针方向，主光栅向左移动，则莫尔条纹向下移；主光栅向右移动，莫尔条纹向上移动。

（4）光强与位置关系

两块光栅相对移动时，从固定点观察到莫尔条纹光强的变化近似为正余弦波形变化。光栅移动一个栅距W，光强变化一个周期2π，这种正余弦波形的光强变化照射到光电元件上，即可转换成电信号关于位置的正余弦变化。

当光电元件接收到光的明暗变化，则光信号就转换为图4-6所示的电压信号输出，它可以用光栅位移量x的正余弦函数表示（这里用余弦函数代表）：

$$u_o = U_{av} + U_m \cos \frac{2\pi}{W} x \tag{4-1}$$

式中　u_o——光电元件输出的电压信号；

　　　U_{av}——输出信号中的平均直流分量。

表 4-1　光栅移动与莫尔条纹移动关系表

主光栅相对指示光栅的转角方向	主光栅移动方向	莫尔条纹移动方向
顺时针方向	←向左	↑向上
	→向右	↓向下
逆时针方向	←向左	↓向下
	→向右	↑向上

第4章 位移传感器

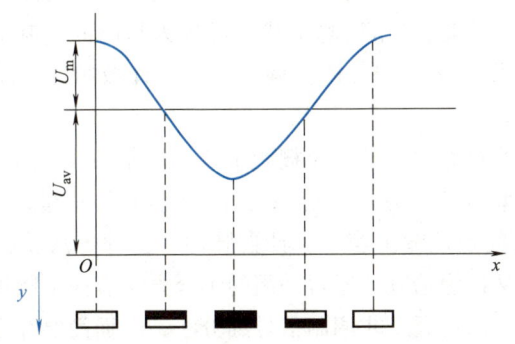

图 4-6 光栅位移与光强及光电元件输出电压的关系

2. 辨向原理

在实际应用中，被测物体的移动方向往往不是固定的。无论主光栅向前或向后移动，在一固定点观察时，莫尔条纹都是作明暗交替变化。因此，只根据一条莫尔条纹信号，就无法判别光栅移动方向，也就不能正确测量往复移动时的位移。为了辨向，需要两个一定相位差的莫尔条纹信号。

图 4-7 所示为辨向的工作原理和它的逻辑电路。在相隔 1/4 条纹间距的位置上安装两个光电元件，得到两个相位差 π/2 的电信号 U_{01} 和 U_{02}，经过整形后得到两个方波信号 U'_{01} 和 U'_{02}。从图中波形的对应关系可以看出，在光栅向 A 方向移动时，U'_{01} 经微分电路后产生的脉冲（如图中实线所示）正好发生在 U'_{02} 的"1"电平时，从而经与门 Y_1 输出一个计数脉冲。而 U'_{01} 经反相微分后产生的脉冲（如图中虚线所示）则与 U'_{02} 的"0"电平相遇，与门 Y_2 被阻塞，没有脉冲输出。在光栅作 $\overline{A}$ 方向移动时，U'_{01} 的微分脉冲发生在 U'_{02} 为"0"电平

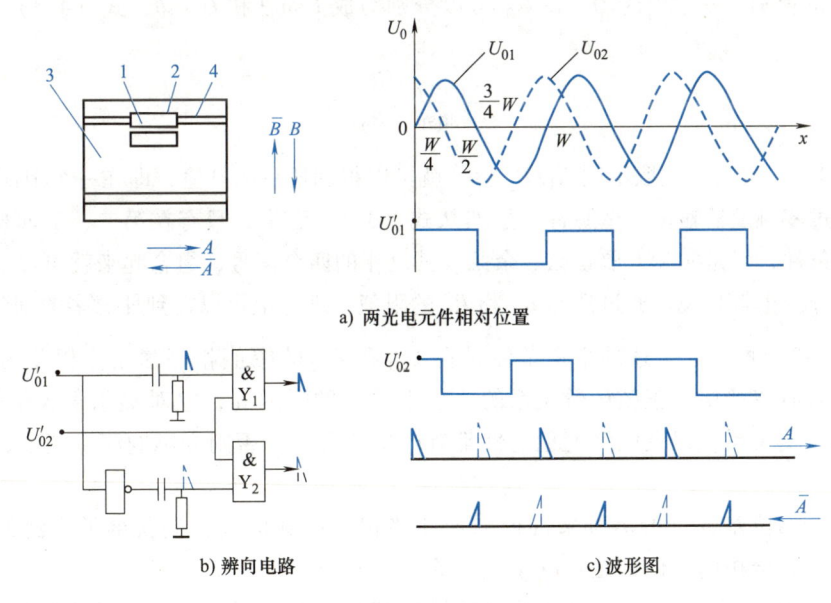

a) 两光电元件相对位置

b) 辨向电路　　c) 波形图

图 4-7 辨向逻辑工作原理

1、2—光电元件　3—指示光栅　4—莫尔条纹

A ($\overline{A}$)—光栅移动方向　B ($\overline{B}$)—对应 A ($\overline{A}$) 的莫尔条纹移动方向

时，故与门 Y_1 无脉冲输出；而 U'_{01} 反相微分所产生的脉冲则发生在 U'_{02} 的"1"电平时，与门 Y_2 输出一个计数脉冲。因此，U'_{02} 的电平状态可作为与门的控制信号，来控制 U'_{01} 所产生的脉冲输出，从而就可以根据运动的方向正确地给出加计数脉冲和减计数脉冲。

3. 细分技术

由前面讨论可知，当光栅相对移动一个栅距 W，则莫尔条纹移过一个间距 B，与门输出一个计数脉冲。这样其分辨率为 W。为了能分辨比 W 更小的位移量，就必须对电路进行处理，使之能在移动一个 W 内等间距地输出若干个计数脉冲，这种方法就称为细分。由于细分后计数脉冲的频率提高了，故又称为倍频。通常采用的细分方法有四倍频细分、电桥细分、复合细分等。作为电子细分方法它们均属于非调制信号细分法，下面简要介绍电桥细分法。

电桥细分法的基本原理可以用下面的电桥电路来说明。图 4-8a 的电桥电路中，$\dot{U}_{01}$ 和 $\dot{U}_{02}$ 分别为从光电元件得到的两个莫尔条纹信号，R_1 和 R_2 是桥臂电阻，R_L 为过零触发器负载电阻。

设 Z 点的输出电压为 $\dot{U}_z$，根据电工基础中的节点电压法可知：

$$\dot{U}_z = \frac{\dot{U}_{01}g_1 + \dot{U}_{02}g_2}{g_1 + g_2 + g_L} \tag{4-2}$$

式中 $g_1 = 1/R_1, g_2 = 1/R_2, g_L = 1/R_L$。

若电桥平衡时，则：

$$\dot{U}_z = 0, \quad \dot{U}_{01}g_1 + \dot{U}_{02}g_2 = 0 \tag{4-3}$$

已如前述，莫尔条纹信号是光栅位置状态的正弦函数，令 $\dot{U}_{01}$ 与 $\dot{U}_{02}$ 的相位差为 $\pi/2$，光栅在任意位置 $x\left(\dfrac{2\pi x}{W} = \theta\right)$ 时 $\dot{U}_{01}$ 和 $\dot{U}_{02}$ 可以分别写成 $U\sin\theta$ 和 $U\cos\theta$，式（4-3）可改写成：

$$-\frac{\sin\theta}{\cos\theta} = \frac{R_1}{R_2} \tag{4-4}$$

由式（4-4）可见，选取不同 R_1/R_2 值，就可以得到任意的 θ 值，即在一个节距 W 以内的任何地方经过零触发器输出一个脉冲。虽然从式（4-4）看来，只有在第二、第四象限，才能满足过零的条件，但是实际上取正弦、余弦及其反相的四个信号，组合起来就可以在四个象限内都得到细分。也就是说，通过选择 R_1 和 R_2 的阻值，理论上可以得到任意多的细分数。

由式（4-3）可见，上述的平衡条件是在 $\dot{U}_{01}$ 和 $\dot{U}_{02}$ 的幅值相等、相位相差为 $\pi/2$ 和信号与光栅位置有着严格的正弦函数关系的要求下得出的。因此，它对莫尔条纹信号的波形，两个信号的正交关系，以及电路的稳定性都有严格的要求。否则会影响测量精度，带来一定的测量误差。

采用两个相位差 $\pi/2$ 的信号来进行测量和移相，在测量技术上获得了广泛的应用。虽然具体电路不完全相同，但都是从这个基本原理出发的。

图 4-8b 给出了一个 10 倍频细分的电位器桥细分电路，图中标明了各输出口的初相角。电桥接在放大级的后面，因为光电元件输出信号的幅值和功率都很小，直接与电桥相连接，将使后面的脉冲形成电路不能正常工作，此电路最大可进行 12 倍频细分。

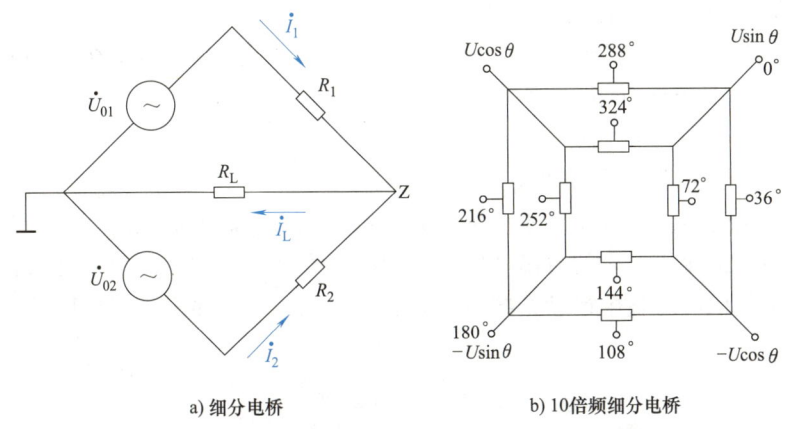

a) 细分电桥　　　　　b) 10倍频细分电桥

图 4-8　电桥细分电路图

细分电桥是无源网络，它只能消耗前置级的功率，细分数愈大，消耗功率愈多，所以在选择桥臂电阻的阻值时，应考虑前后两级的衔接问题。阻值太大，影响输出，对后级不利；阻值太小，消耗功率太大，对前级加重负载。因此，应根据前级的负载能力、细分数和后级吸收电流要求综合考虑。

4.1.3　光栅传感器应用实例

1. 光栅尺在三坐标测量仪中的应用

三坐标测量仪是一种能在六面体的空间范围内，用于表现几何形状、长度及圆度分度的测量仪器，一种具有可作三个方向移动的探测器，可在三个相互垂直的导轨上移动，此探测器以接触或非接触等方式传送信号，三个轴的位移测量系统（如光学尺）经数据处理器或计算机等计算出工件的各点坐标（X、Y、Z）及各项功能测量的仪器。

光栅尺是由一对光栅副中的主光栅（即标尺光栅）和副光栅（即指示光栅）进行相对位移时，在光的干涉与衍射共同作用下产生黑白相间的莫尔条纹。经过光电器件转换使黑白（或明暗）相间的条纹转换成正弦波变化的电信号，再经过放大器放大，整形电路整形后，得到两路相差为90°的正弦波或方波，送入控制系统处理。控制系统接收到正弦波信号后，通过细分辨向电路，生成计数脉冲，供计数器计数。

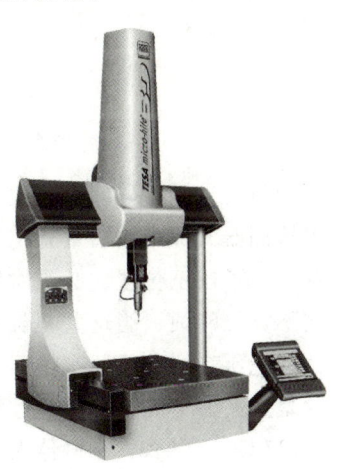

如图4-9所示为三坐标测量仪，在测量容积里任意一点的坐标值都可通过读数装置和数显装置显示出来。测量机的采点发讯装置是测头，在沿X、Y、Z三个轴的方向装有光栅尺和读数头。其测量过程就是当测头接触工件并发出采点信号时，由控制系统去采集当前机床三轴坐标相对于机床原点的坐标值，再由计算机系统对数据进行处理。

图 4-9　光栅尺在三坐标测量仪中的应用

光栅尺的主要参数有：

1）精度等级：±5μm/m；

2）分辨率：0.5μ，1μ；

3）计量长度：L，单位 mm，$L \geqslant 370$ 必须配安装板；

4）输出信号：RS422，正弦信号；

5）运动速度：与分辨率成正比，分辨率为0.5μ时，运动速度≤60m/min，分辨率为1μ时，运动速度≤120m/min；

6）工作温度：0~50℃。

2. 绝对式光栅编码器在工业机器人中的应用

绝对式光栅编码器广泛应用于工业机器人领域。在市场需求的推动下，随着国内机器人控制技术的提高，工业机器人朝着高精度、高速度、高动态响应、多自由度和智能化方向发展。控制系统更加依赖对整个运动系统运行状态的监测，需要多个光栅编码器来监测电机系统的运动数据。

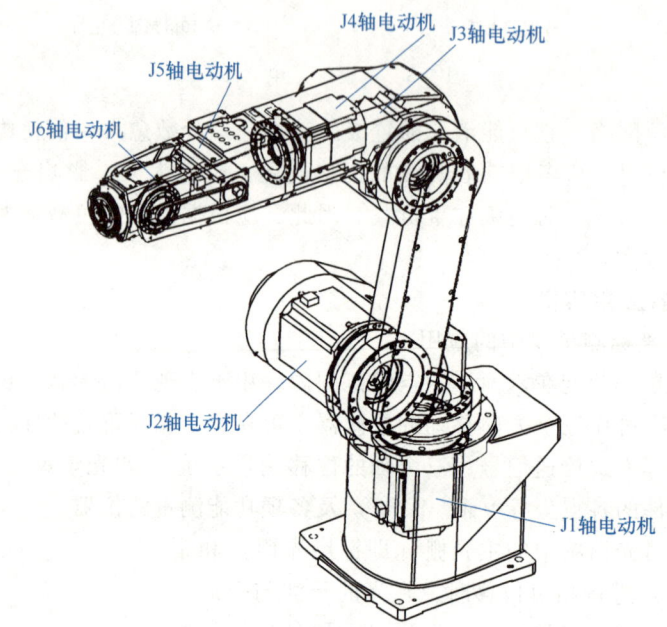

图4-10 绝对式光栅编码器在工业机器人中的应用

绝对式光栅编码器在六关节工业机器人中的应用如图4-10所示。传统的工业机器人的位置检测器大都采用增量式位置传感器，电源上电时，还不知道被控对象在绝对空间的机械位置。为了校正位置，必须对编码器进行回归原点操作。如果一台机器，这种回归原点的操作倒不算很麻烦，当这些机器被大量使用在生产线中时，在每天开始送电或停电后重新送时，若把所有这些机器都做回归原点操作，工作量太大，特别是对工业机器人来说，现在大多数是多关节型的，都要经过复杂的运算实现坐标变换。但是，若能知道工业机器人各个轴的绝对位置，那么，在机器人再次操作之前，就不需要将机器人回归原点，也就不必进行坐标变换了。

假如在工作中停电，机器人和作业之间的复杂位置关系就中断了。在恢复供电后，进行手动操作有困难的场合也不少，基于这种背景，工业机器人要求实现绝对位置控制的呼声将越来越高。实现位置控制绝对值化的最重要的元件就是绝对位置检测器。对于数控机床和工业机器人来说，由于AC伺服电动机是多转数运动，若想实现绝对位置控制，就必须要有与之相适应的多转绝对位置检测器，而一般的单转绝对位置检测器是无法满足AC伺服电动机

第 4 章 位移传感器

多转数绝对位置运动控制要求的。

4.2 磁栅传感器

磁栅传感器是近年来发展起来的新型检测元件。与其他类型的检测元件相比，磁栅传感器具有制作简单、复制方便、易于安装和调整、测量范围宽（从几十毫米到数十米）、不需要接长、抗干扰能力强等一系列优点，因而在大型机床的数字检测、自动化机床的自动控制及轧压机的定位控制等方面得到了广泛应用。

常见的磁栅位移传感器如图 4-11 和图 4-12 所示。

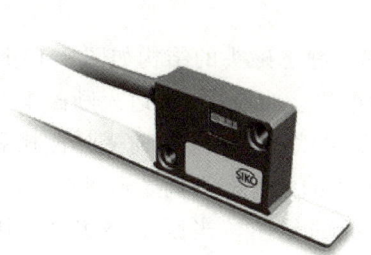

图 4-11 直线磁栅尺

图 4-12 圆磁栅尺

4.2.1 磁栅的组成及类型

1. 磁栅的组成

磁栅传感器是由磁栅（简称磁尺）、磁头和检测电路组成。如图 4-13 所示，磁尺是用非导磁性材料做尺基，在尺基的上面镀一层均匀的磁性薄膜，然后录上一定波长的磁信号。磁信号的波长又称节距，我们用 W 表示。在 N 与 N、S 与 S 重叠部分磁感应强度最强，但两者极性相反。目前常用的磁信号节距为 0.05mm 和 0.20mm 两种。

磁头可分为动态磁头（又名速度响应式磁头）和静态磁头（又名磁通响应式磁头）两大类。动态磁头在磁头与磁尺间有相对运动时，才有信号输出，故不适用于速度不均匀、时走时停的机床。而静态磁头就是在磁头与磁栅间没有相对运动也有信号输出。

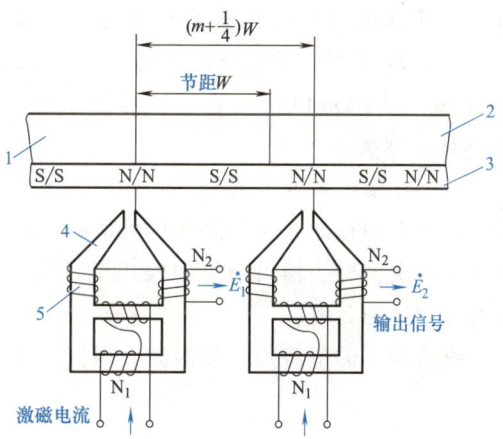

图 4-13 磁栅传感器工作原理示意图
1—磁尺 2—尺基 3—磁性薄膜 4—铁心 5—磁头

2. 磁栅的类型

磁栅分为长磁栅和圆磁栅两类。前者用于测量直线位移，后者用于测量角位移。长磁栅可分为尺形、带形和同轴形三种。一般用尺形磁栅，其外形如图 4-14a 所示。当安装面不好安排时，可采用带形磁栅，带形磁栅传感器如图 4-14b 所示。同轴形磁栅传感器如图 4-14c 所示，其结构特别小巧，可用于结构紧凑的场合。

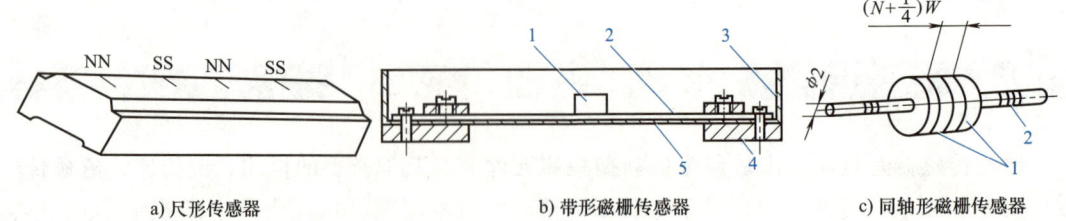

图 4-14　长磁栅传感器的类型
1—磁头　2—磁栅　3—屏蔽罩　4—基座　5—软垫

4.2.2　磁栅传感器的工作原理

1. 基本工作原理

以静态磁头为例来叙述磁栅传感器的工作原理。静态磁头的结构如图 4-13 所示，它有两组绕组，一组为励磁绕组 N_1，另一组为输出绕组 N_2。当绕组 N_1 通入励磁电流时，磁通的一部分通过铁心，在 N_2 绕组中产生电势信号。如果铁心空隙中同时受到磁栅剩余磁通的影响，那么由于磁栅剩余磁通极性的变化，N_2 中产生的电势振幅就受到调制。

实际上，静态磁头中的 N_1 绕组起到磁路开关的作用。当励磁绕组 N_1 中不通电流时，磁路处于不饱和状态，磁栅上的磁力线通过磁头铁心而闭合。这时，磁路中的磁感应强度决定于磁头与磁栅的相对位置。如在绕组 N_1 中通入交变电流，当交变电流达到某一个幅值时，铁心饱和而使磁路"断开"，磁栅上的剩磁通就不能在磁头铁心中通过。反之，当交变电流小于额定值时，可饱和铁心不饱和，磁路被"接通"，则磁栅上的剩磁通就可以在磁头铁心中通过。随着励磁交变电流的变化，可饱和铁心这一磁路开关不断地"通"和"断"，进入磁头的剩磁通就时有时无。这样，在磁头铁心的绕组 N_2 中就产生感应电势，它主要与磁头在磁栅上所处的位置有关，而与磁头和磁栅之间的相对速度关系不大。

由于在励磁突变电流变化中，不管它在正半周或负半周，只要电流幅值超过某一额定值，它产生的正向或反向磁场均可使磁头的铁心饱和，这样在它变化的一个周期中，可使铁心饱和两次，磁头输出绕组中输出电压信号为非正弦周期函数，所以其基波分量角频率 ω 是输入频率的 2 倍。

磁头输出的电势信号经检波，保留其基波成分，可表示为：

$$E = E_m \cos\frac{2\pi x}{W} \sin\omega t \tag{4-5}$$

式中　E_m——感应电势的幅值；
　　　W——磁栅信号的节距；
　　　x——机械位移量。

为了辨别方向，图 4-13 中采用两只相距 $(m+1/4)W$（m 为整数）的磁头，为了保证距离的准确性，通常两个磁头做成一体，两个磁头输出信号的载频相位差为 90°。经鉴相信号处理或鉴幅信号处理，并经细分、辨向、可逆计数后显示位移的大小和方向。

2. 信号处理方式

图 4-13 中两只磁头励磁线圈加上同一励磁电流时，两磁头输出绕组的输出信号为：

$$\begin{cases} E_1 = E_m \cos\dfrac{2\pi x}{W}\sin\omega t \\ E_2 = E_m \sin\dfrac{2\pi x}{W}\sin\omega t \end{cases} \tag{4-6}$$

式中 $2\pi x/W$ ——机械位移相角，$2\pi x/W = \theta_x$。

磁栅传感器的信号处理方式有鉴相式和鉴幅式两种，下面简要介绍这两种信号处理方式。

（1）鉴相处理方式

鉴相处理方式就是利用输出信号的相位大小来反映磁头的位移量或与磁尺的相对位置的信号处理方式。将第二个磁头的电压读出信号移相90°，两磁头的输出信号则变为：

$$\begin{cases} E'_1 = E_m \cos\dfrac{2\pi x}{W}\sin\omega t \\ E'_2 = E_m \sin\dfrac{2\pi x}{W}\cos\omega t \end{cases} \tag{4-7}$$

将两路输出用求和电路相加，则获得总输出：

$$E = E_m \sin\left(\omega t + \dfrac{2\pi x}{W}\right) \tag{4-8}$$

式（4-8）表明，感应电动势 E 的幅值恒定，其相位变化正比于位移量 x。该信号经带通滤波、整形、鉴相细分电路后产生脉冲信号，由可逆计数器计数，显示器显示相应的位移量。图 4-15 为鉴相型磁栅传感器的原理框图，其中鉴相细分是对调制信号的一种细分方法，其实现手段可参见有关书籍。

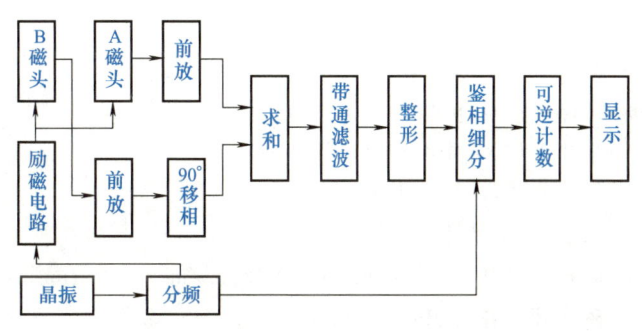

图 4-15 鉴相型磁栅传感器的原理框图

（2）鉴幅处理方式

鉴幅处理方式就是利用输出信号的幅值大小来反映磁头的位移量或与磁尺的相对位置的信号处理方式。由式（4-6）可知，两个磁头输出信号的幅值是与磁头位置 x 成正余弦关系的信号。经检波器去掉高频载波后可得：

$$\begin{cases} E''_1 = E_m \cos\dfrac{2\pi x}{W} \\ E''_2 = E_m \sin\dfrac{2\pi x}{W} \end{cases} \tag{4-9}$$

此相差90°的两个关于位移 x 的正余弦信号与光栅传感器两个光电元件的输出信号是完全相同的，所以它们的细分方法及辨向原理与光栅传感器也完全相同。图 4-16 为鉴幅型磁栅传感器的原理框图。

4.2.3 磁栅传感器应用实例——磁栅尺在大型切割机器人中的应用

磁栅尺是利用磁极的原理制作而成的传感器。基尺是被均匀磁化的钢带。S 和 N 极均匀间隔排列在钢带上，通过读数头读取 S、N 极的变化来记数。磁栅尺是一种非接触式测量，

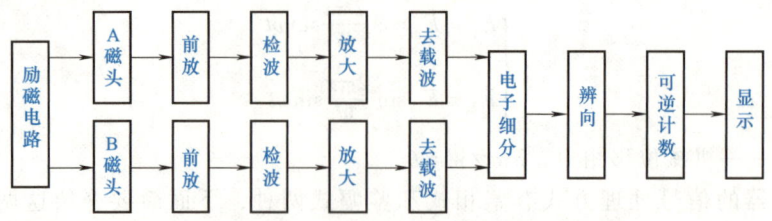

图 4-16 鉴幅型磁栅传感器的原理框图

行程长，高抗污染能力，在环境恶劣的环境中能保持精度，耐高温，广泛应用在型材切割、玻璃切割、石材机械、木工机械等设备中。

如图 4-17 所示，在大幅面激光切割机器人设备中应用磁栅尺，由于激光切割机器人使用环境恶劣，粉尘多，且高温环境，光栅尺容易受温度影响，故一般此类设备都采用磁栅尺作为位置反馈装置。磁栅尺的重要参数主要有：

（1）磁栅尺读数头

分辨率：0.025mm、0.01mm、5μm、1μm、0.5μm；

图 4-17 大幅面激光切割机器人

输出：LINE-DRIVER、PUSH-PULL；

线长：1m、2m、10m。

（2）磁栅尺带

磁栅尺精度：±10μm/m、±15μm/m、±30μm/m；

磁栅尺长度：Max 32M；

磁间距：1+1mm、2+2mm。

（3）磁栅尺的安装使用

磁栅尺读头的安装误差如图 4-18 所示。

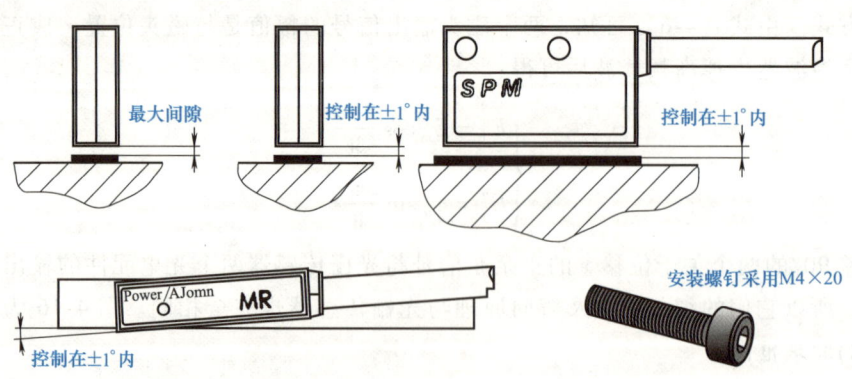

图 4-18 磁栅尺读头的安装说明

磁尺的安装方式如图 4-19 所示。

第 4 章　位移传感器

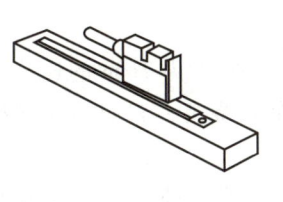
a) 平面固定

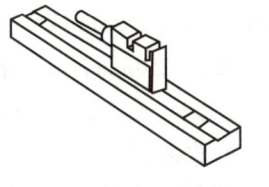
b) 安装槽

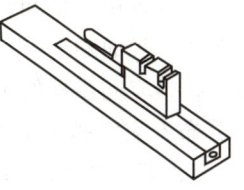
c) 端部固定

图 4-19　磁尺的安装方式

4.3　感应同步器

感应同步器是一种新颖的数字位置检测元件，具有精度高、抗干扰能力强、工作可靠、对工作环境要求低、维护方便、寿命长、制造工艺简单等优点，被广泛应用于自动化测量和控制系统中。

图 4-20　直线感应同步器

图 4-21　圆感应同步器

4.3.1　感应同步器的结构和类型

感应同步器分为直线式和旋转式（圆盘式）两种基本类型，如图 4-20、图 4-21 所示。直线式用于测量直线位移，旋转式用于测量角位移，它们的基本工作原理是相同的。感应同步器是由可以相对移动的滑尺和定尺（对于直线式）或转子和定子（对于旋转式）组成，它们的截面结构如 4-22 所示。基板材料一般采用低碳钢或者玻璃等非导磁材料。加工后的基板上粘贴绝缘层和铜箔，绝缘层和铜箔要求厚度均匀和平整。一般在保证绝缘强度条件下，绝缘层越薄越好（<0.1mm），铜箔厚度为 0.04~0.05mm。采用玻璃基板时则用真空

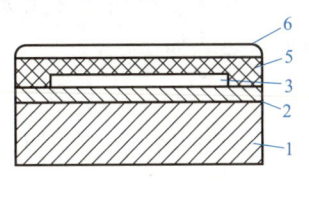
a) 滑尺

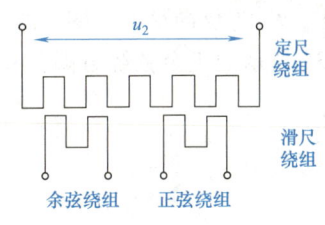
b) 定尺　　　　c) 定尺与滑尺绕组的对应关系

图 4-22　直线式感应同步器截面结构及绕组图形

1—基板　2—绝缘层　3—导片　4—耐腐绝缘层　5—绝缘粘合剂　6—铝箔

蒸镀铝或银，然后再用光刻和化学腐蚀工艺将铜箔或铝膜蚀刻成需要的图形。最后进行表面防护处理，在滑尺表面贴上一层铝箔，以防止静电感应。

典型的直线感应同步器的定尺长度为 250mm，分布着周期 W 为 2mm 的连续绕组。滑尺长 100mm，分布着交替排列的两个绕组——正弦绕组和余弦绕组，它们的周期相等，相位差为 90°电角度，即位置上相差 $W/4$ 的距离。

直线感应同步器有标准型、窄型和带型几种型式，标准型感应同步器是其中精度最高的一种，使用也最广泛；窄型感应同步器的定尺和滑尺宽度都只有标准的一半，主要用于位置受到限制的场合。因它的宽度窄，所以耦合情况不如标准型，精度也较低，当设备上的安装面不易加工时，可采用带型感应同步器。定尺绕组用照相腐蚀法印制在钢带上，滑尺预先安装好调整好并封装在一个盒子里，通过支架与机体连接。由于钢带两端固定点可随设备伸缩，故能减小由于热变形而产生的测量误差。

当量程较大时，可将标准型和窄型感应器同步器的定尺拼接使用，带型定尺不需要拼接，但由于其刚性较差，机械安装参数不易保证，其测量精度也比标准型低。各种直线式感应同步器的尺寸和精度列于表 4-2 中。

表 4-2　直线式感应同步器的尺寸和精度

种类	定尺尺寸/mm	滑尺尺寸/mm	测量周期/mm	精度/μm
标准型	250×58×9.5	100×73×9.5	2	1.5～2.5
窄 型	250×30×9.5	74×35×9.5	2	2.5～5
带 型	(200～2000)×19	—	2	10

4.3.2　感应同步器的工作原理

将感应同步器定尺与滑尺面对面地安装在一起，并使两者之间留有约 0.25mm 的间隙。在定尺绕组上加上激励电流 $i = I_m \sin\omega t$，于是滑尺绕组中便产生感应电势，其值为：

$$E = K' \frac{\mathrm{d}i}{\mathrm{d}t} = KU_m \omega \cos\omega t \tag{4-10}$$

式中的 K 是定尺绕组与滑尺绕组间的耦合系数，它与许多因素有关，这里值得指出的是它还与两绕组的相对位置有关。图 4-23 是感应同步器的工作原理图，图 a 的 A 点处滑尺中的余弦绕组与定尺绕组重合，耦合系数 K_c 最大，而正弦绕组正好跨在定尺绕组上，通过正弦绕组的磁力线左右各半，方向相反，相互抵消，耦合系数 K_s 为零；图 a 的 B 点处滑尺向右移动 $W/4$，则 K_c 为零，K_s 为最大；图 a 的 C 点处滑尺向右移至 $W/2$ 处，余弦绕组与定尺反向重合，K_c 为反向最大，正弦绕组又跨在定尺绕组上，K_s 为零；同理图 a 的 D 点处 K_c 为零，K_s 为反向最大；图 a 的 E 点处又重复到图 a 的 A 点处位置。从以上分析可作出如图 4-23b 所示的正余弦绕组耦合系数与相对位置的关系曲线，可写成表达式如下：

$$\begin{cases} K_s = K_0 \sin \dfrac{2\pi}{W} x \\ K_c = K_0 \cos \dfrac{2\pi}{W} x \end{cases} \tag{4-11}$$

式中　K_0——最大耦合系数；
　　　x——位移量；
　　　W——绕组的周期。

第 4 章 位移传感器

将式（4-11）代入式（4-10）可得正余弦绕组感应电势为：

$$\begin{cases} E_s = E_m \sin \dfrac{2\pi x}{W} \cos\omega t \\ E_c = E_m \cos \dfrac{2\pi x}{W} \cos\omega t \end{cases} \quad (4\text{-}12)$$

式中 $E_m = K_0 U_m \omega$。

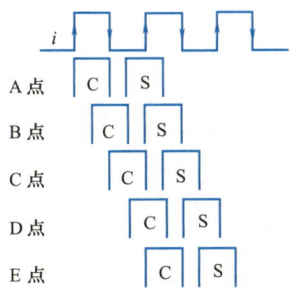
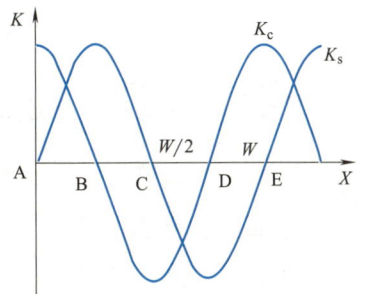

a) 定尺与滑尺的相对位置　　　　b) 正余弦绕组的耦合系数与相对位置的关系

图 4-23　感应同步器的工作原理

利用专门设计的电路，对感应电势进行适当处理，就可以把位移量 x 检测出来。

与磁栅传感器相同，感应同步器输出信号也可采用不同的处理方式。从励磁形式来说一般可分为两大类，一类是以滑尺（或转子）励磁，由定尺（或定子）取出感应电动势，另一类则相反，目前较多采用的是前一类形式激励。依信号处理方式而言，一般可分为鉴相型、鉴幅型和脉冲调宽型三种，而脉冲调宽型本质上也是一种鉴幅型信号处理方式。

4.3.3　感应同步器应用实例——旋转式感应同步器在凿岩机器人中的应用

如图 4-24 所示，凿岩机器人一般采用电液伺服控制系统来控制其行走及其钻臂变幅机构的定位等。不同的采掘工艺，要求凿岩机器人能够钻凿出不同位置、不同倾角以及不同深度的孔。这都要求计算机通过电液伺服控制系统控制钻臂变幅机构以及凿岩机器人来实现的。凿岩机器人的钻臂及凿岩机器人所在的位置、轨迹、速度、加速度等运动参数信息都要由传感器来提供。这类传感器属于机器人的内部传感器，其中角位移传感器所占比例最大。

图 4-24　旋转式感应同步器在凿岩机器人中的应用

高精度测角系统及编码器的传感探头是旋转式感应同步器，旋转式感应同步器是一种电磁感应位置检测元件，由定、转子两个分部件组成，通过定、转子多极平面绕组的互感随位置变化的电磁感应原理实现高精度角度测量。旋转式感应同步器是一种以金属为基体的传感

85

元件，从而使得基于它的整个测角系统具有极高的可靠性。

测角系统工作时，输出代表角度值的 RS422 串口信号（或 A、B、Z 相脉冲信号），传感器每周有一个机械绝对零位（选择 RS1 或 ZS1 触发通信模式即可实现此功能）。

主要性能指标：

1）测角精度：±3″ ~ ±15″（峰峰值 6″ ~ 30″）；
2）转角范围：360°连续；
3）工作温度：0 ~ 50℃（C 级），-20 ~ 55℃（Ⅰ级）。

4.4 实训课题 线性霍尔传感器位移测量

1. 实训目的

1）了解霍尔式传感器原理与应用
2）掌握测量方法。

2. 电路原理

根据霍尔效应，霍尔电动势 $U_H = K_H I B$，其中 K_H 为灵敏度系数，由霍尔材料的物理性质决定，当通过霍尔组件的电流 I 一定，霍尔组件在一个梯度场中运动时，就可以用来进行位移测量。

霍尔传感器有霍尔元件和集成霍尔传感器两种类型。集成霍尔传感器是把霍尔元件、放大器等做在一个芯片上的集成电路型结构，与霍尔元件相比，它具有微型化、灵敏度高、可靠性高、寿命长、功耗低、负载能力强以及使用方便等等优点。

本实训采用的霍尔式位移（小位移 1 ~ 2mm）传感器是由线性霍尔元件、永久磁钢组成，其他很多物理量如：力、压力、机械振动等本质上都可转变成位移的变化来测量。霍尔式位移传感器的工作原理和实验电路原理如图 4-25、图 4-26 所示。将磁场强度相同的两块永久磁钢同极性相对放置着，线性霍尔元件置于两块磁钢间的中点，其磁感应强度为 0，设这

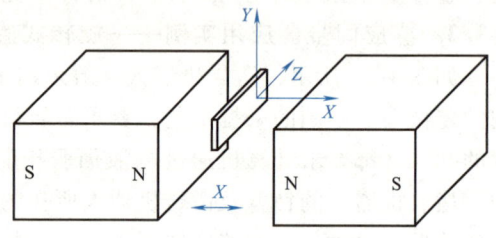

图 4-25 霍尔传感器工作原理

个位置为位移的零点，即 $X = 0$，因磁感应强度 $B = 0$，故输出电压 $U_H = 0$。当霍尔元件沿 X 轴有位移时，由于 $B \neq 0$，则有电压 U_H 输出，U_H 经差动放大器放大输出为 V。V 与 X 有一一对应的特性关系。

3. 基本操作步骤

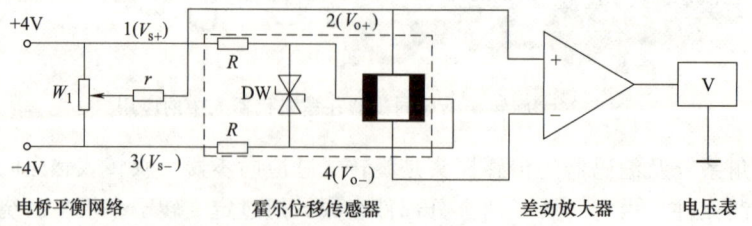

图 4-26 霍尔传感器实验电路原理

1）将霍尔传感器按图 4-27 安装，传感器引线接到霍尔传感器模块的 9 芯航空插座。

2）开启电源，直流数显电压表选择"2V"档，将测微头的起始位置调到"1cm"处，手动调节测微头的位置，先使霍尔片大概在磁钢的中间位置（数显表大致为 0），固定测微头，再调节 Rw1 使数显表显示为零。

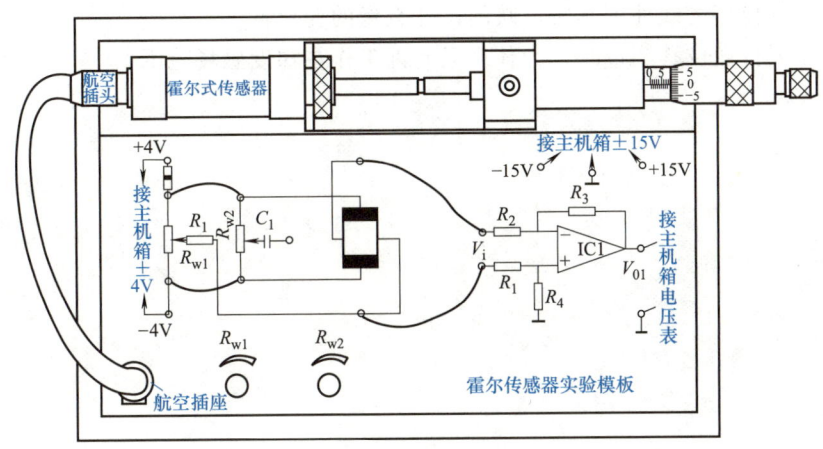

图 4-27　霍尔传感器直流激励接线

3）向某个方向调节测微头 2mm 位移，记录电压示数并作为实验起点，然后向相反的方向调节测微头，每增加 0.2mm 记下一个数据，将读数填入表 4-3。

表 4-3　霍尔传感器（直流激励）位移实验数据

X/mm										
V/V										

4）做出 V-X 曲线，计算不同线性范围时的灵敏度并定性给出结论。

本 章 小 结

本章主要介绍了光栅传感器、磁栅传感器、感应同步器的基本原理及各传感器的特点。

光栅传感器的原理主要有：莫氏条纹：$u_o = U_{av} + U_m \cos \dfrac{2\pi}{W} x$，辨向原理和细分技术三部分。基本结构主要包括光栅尺和光栅读数头。优点是输出的信号为数字脉冲，检测范围大，精度高，响应速度快，抗干扰能力强。其主要用于位移测量和位移相关的物理量，如速度、加速度、振动、质量等。

磁栅传感器主要由磁栅、磁头、检测电路组成。主要类型有长磁栅和圆磁栅，其中长磁栅有尺形、带形、同轴形。主要的信号处理方式有鉴相处理和鉴幅处理。优点是制作简单、复制方便、测量范围宽、抗干扰强。主要用于定位测量、线位移等。

感应同步器的原理主要是 $E = K' \mathrm{d}i/\mathrm{d}t = KU_m \omega \cos \omega t$，类型有直线式和旋转式。信号处理方式主要包括鉴相型、鉴幅型和脉冲调宽型。优点是寿命长、维护方便、精度高、抗干扰强。主要用于自动化测量、数控和数显、雷达定位跟踪、分度等。

思 考 题

1. 光栅的莫氏条纹有哪几个特性？

传感器与检测技术

2. 莫氏条纹的形成原理。
3. 说明什么叫细分？什么叫辨向？它们各有何用途。
4. 简述磁栅测量的工作原理，磁头的形式有哪几种？
5. 简述直线式感应同步器与旋转式感应同步器的工作原理，各自的特点是什么？
6. 霍尔元件位移的线性度其实反映的是什么量的变化？
7. 用霍尔元件做位移测量时，为什么只允许工作在梯度磁场范围？

第5章 测速传感器

在工业机器人、数控机床、自动化生产线中,都需要对转速进行检测。检测转速常用的传感器有霍尔传感器、光电传感器、数字编码器、磁电传感器。

5.1 霍尔传感器

霍尔传感器是基于霍尔效应的一种传感器,它可以用来检测磁场、微位移、转速、流量、角度等。霍尔传感器具有灵敏度高、线性度好、稳定性好、体积小、重量轻、频带宽、动态特性好、寿命长等特点。

5.1.1 霍尔效应

将一块长为 l、宽度为 b、厚度为 d 的半导体薄片置于磁感应强度为 B 的磁场(磁场方向垂直于薄片大面)中,如图 5-1 所示。当有电流 I 流过半导体薄片时,在垂直于电流和磁场的方向上将产生电动势 E_H。这种现象称为霍尔效应。

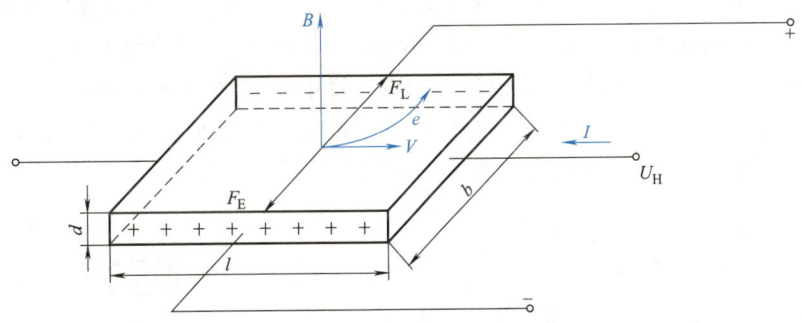

图 5-1 霍尔效应原理图

假设薄片为 N 型半导体,通以电流 I 后,半导体中的载流子(电子 e)将沿着与电流 I 相反的方向运动。由于外磁场 B 的作用,使电子受到洛仑兹力 F_L 作用而发生偏转。结果在半导体的后端面上电子有所积累。而前端面缺少电子,因此后端面带负电,前端面带正电,在前后端面间形成电场。该电场产生的电场力 F_E 阻止电子继续偏转。当 $F_E = F_L$ 时,电子积累达到动平衡。这时,在半导体两端(即垂直于电流和磁场方向)建立电场,相应的电势就称为霍尔电动势 E_H。

霍尔电动势的数学表达式为:

$$E_H = \frac{R_H I B}{d} \tag{5-1}$$

式中　R_H——霍尔系数；
　　　I——控制电流；
　　　B——磁感应强度；
　　　d——霍尔元件的厚度。

令 $K_H = R_H/d$，则有：

$$E_H = K_H IB \tag{5-2}$$

K_H为霍尔元件的灵敏度，它表示在单位电流、单位磁场的作用下，开路的霍尔电动势的输出值。它与元件材料的性质和几何尺寸有关，厚度越小，灵敏度越高。为求得较大的灵敏度，一般采用K_H大的N型半导体材料做霍尔元件。

由霍尔电动势的表达式可以看出，霍尔传感器可用于以下参数的测量：

1）I不变，B变化，E_H将正比于磁感应强度B。凡是能够转换为磁感应强度变化的参量都可以进行测量。

2）B不变，I变化，E_H将正比于激励电流I。凡是能够转换为电流变化的参量都可以进行测量。

3）B变化，I变化，E_H将正比于激励电流I和磁感应强度B的乘积，可以制成模拟乘法器。

5.1.2　霍尔元件

霍尔元件是由霍尔片、四根引线和壳体组成的，如图5-2a所示。霍尔片是一块矩形半导体单晶薄片，引出四根引线：1-1'两根引线加激励电压或电流，称为激励电极（或控制电极）；2-2'引线为霍尔输出引线，称为霍尔电极。霍尔元件的壳体是用非导磁金属、陶瓷或环氧树脂封装的。在电路中，霍尔元件一般可用两种符号表示，如图5-2b所示。图5-2c是霍尔元件的基本检测电路。RP用来调节激励电流的大小，电源E用以提供激励电流I，霍尔元件输出端接负载电阻R_L（也可以是测量仪表的内阻或放大器的输入电阻等）。霍尔效应建立的时间很短，所以也可以用频率很高的交流激励电流（如109Hz以上），由于霍尔电动势正比于激励电流I或磁感应强度B，或者二者的乘积，因此在实际应用中，可以把激励电流I或磁感应强度B，或者二者的乘积作为输入信号进行检测。

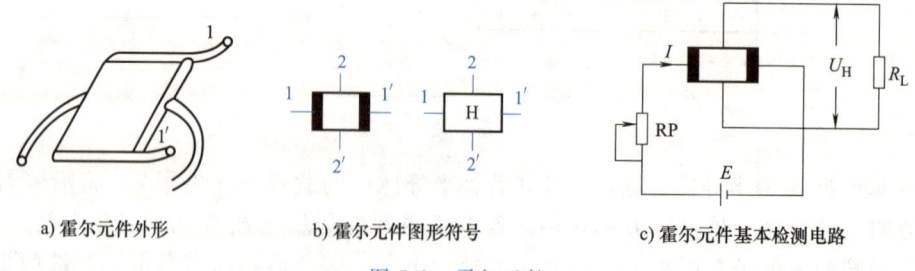

a) 霍尔元件外形　　b) 霍尔元件图形符号　　c) 霍尔元件基本检测电路

图5-2　霍尔元件

5.1.3　霍尔开关

霍尔开关是在霍尔效应原理的基础上，利用集成封装和组装工艺制作而成，它可方便地把磁输入信号转换成实际应用中的电信号，同时又具备工业场合实际应用易操作和较高可靠性的要求。

霍尔开关的输入端是以磁感应强度B来表征的，当B值达到一定的程度（如B_1）时，霍尔开关内部的触发器翻转，霍尔开关的输出电平状态也随之翻转。输出端一般采用晶体管输出，和接近开关类似，有 NPN、PNP、常开型、常闭型、锁存型（双极性）、双信号输出之分。

霍尔开关具有无触点、低功耗、长使用寿命、响应频率高等特点，内部采用环氧树脂封灌成一体，所以能在各类恶劣环境下可靠地工作。霍尔开关可应用于接近开关、压力开关、里程表等，是一种新型的电器配件。

霍尔开关内部是由稳压器、霍尔片、差分放大器、施密特触发器和输出级组成，如图 5-3 所示。在外磁场的作用下，当磁感应强度超过霍尔元件的导通阈值 B_{OP} 时，霍尔开关输出级的晶体管导通，③脚输出低电平。之后，磁感应强度再增加，仍保持导通状态。若外加磁场的磁感应强度降低到 B_{RP} 时，输出级的晶体管截止，③脚输出高电平，如图 5-4 所示。B_{OP} 为工作点，B_{RP} 为释放点，$B_{OP} - B_{RP} = B_H$ 称为回差。回差的存在使开关电路的抗干扰能力增强。

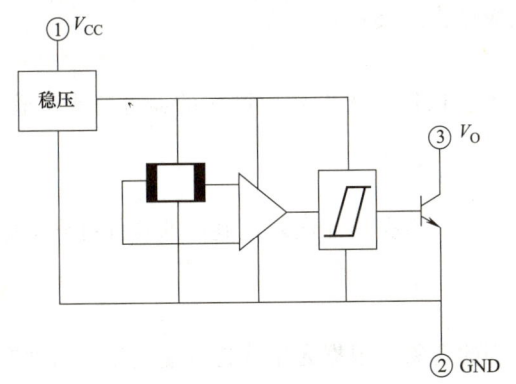

图 5-3 霍尔开关内部结构图

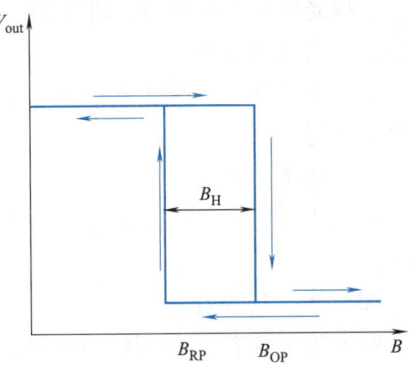

图 5-4 霍尔开关输出特性

一般规定，当外加磁场的南极（S 极）接近霍尔电路外壳上打有标志的一面时，作用到霍尔电路上的磁场方向为正，北极（N 极）接近标志面时为负。

锁定型霍尔开关电路的特点是：当外加磁场 B 正向增加，达到 B_{OP} 时，电路导通，之后无论 B 增加或减小，甚至将 B 除去，电路都保持导通态，只有达到负向的 B_{RP} 时，才改变为截止状态，因而称为锁定型。

5.1.4 霍尔传感器应用

磁场有两个磁极 N、S（正磁或负磁），两个磁极可以分别控制双极型霍尔开关的开和关（高低电平），它一般具有锁定的作用，也就是说当磁极离开后，霍尔输出信号不发生改变，直到另一个磁极感应。利用霍尔开关的这个特性可以测量转动部件的转数和转速。如图 5-5 所示，将转轴上嵌入 4 对永久磁体，S 级和 N 极相互交错，并且间隔 45°角。然后把双

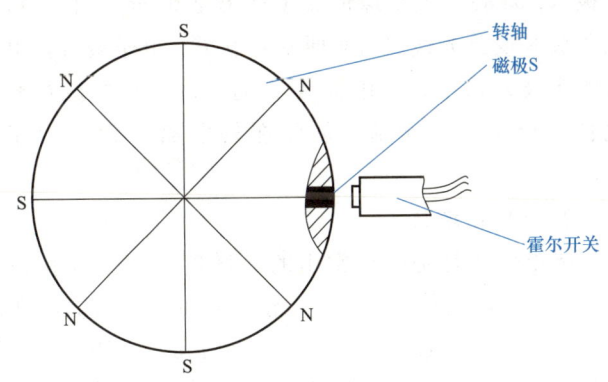

图 5-5 转轴转速测量原理图

极型霍尔开关安装在靠近转轴的位置。工作的时候,转轴旋转,当 S 极转到和霍尔传感器正对的位置时,霍尔传感器输出低电平,当 N 极转到和霍尔传感器正对的位置时,霍尔传感器输出高电平。转轴旋转一周,霍尔传感器一共输出 4 个方波,然后将霍尔传感器输出的方波信号测量出来,就可以得到转轴的转数。用转数除以旋转的时间即为转速。

5.2 光电传感器

光电传感器是以光电效应为基础,将光信号转化成电信号的一种传感器。这种传感器具有结构简单、非接触、高可靠性、高精度和响应快的优点,可用于转速等参数的检测。

5.2.1 光电效应

在光线的照射下,物体内的电子逸出物体表面向外发射的现象称为外光电效应。逸出来的电子称为光电子。

根据光电效应现象的不同特征,可将光电效应分为三类:

(1) 外光电效应

在光线照射下,使电子从物体表面逸出的现象。根据外光电效应制作的器件有光电管、光电倍增管等。

(2) 内光电效应

在光线照射下,使物体的电阻率发生改变的现象。根据内光电效应制作的器件有光敏电阻等。

(3) 光生伏特效应

在光线照射下,使物体产生一定方向的电动势的现象。根据光生伏特效应制作的器件有光敏二极管、光敏晶体管、光电池等。

5.2.2 光电元件

根据光电效应制作的器件称为光电元件,也称光敏器件。光电元件的种类主要有:光电管、光电倍增管、光敏电阻、光敏二极管、光敏晶体管、光电池。

1. 光电管

光电管的典型结构如图 5-6 所示。它是将球形玻璃壳抽成真空,在内半球面上涂上一层光电材料作为阴极 K,球心放置小球形或小环形金属作为阳极 A。当阴极 K 受到光线照射时便发射电子,电子被带正电荷的阳极 A 吸引,朝阳极 A 方向移动,这样就在光电管内产生了电子流,从而在外电路中便产生了电流。

2. 光电倍增管

光电倍增管是一种常用的灵敏度很高的光探测器,是把微弱光信号转变成电信号且进行放大的器件,光电倍增管的典型结构和工作原理如图 5-7 所示。光电倍增管主要由玻璃壳、光阴极 K、阳极 A、倍增极 D、引出插脚等组成,并根据要求采用不同性能的玻璃壳进行真空封装。依据分装方法,可分成端窗式和侧窗式两

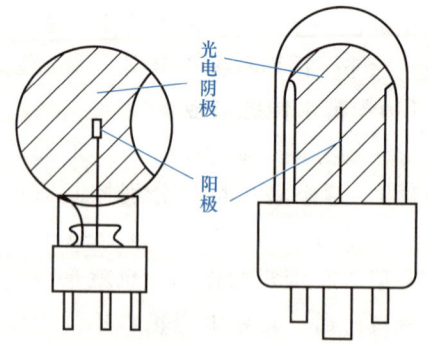

图 5-6 光电管的典型结构

大类。端窗式光电倍增管的阴极通常为透射式阴极，通过管壳的端面接收入射光，如图 5-7a 所示。侧窗式阴极则是通过管壳的侧面接收入射光，它的阴极通常为反射式阴极，其工作原理如图 5-7b 所示。

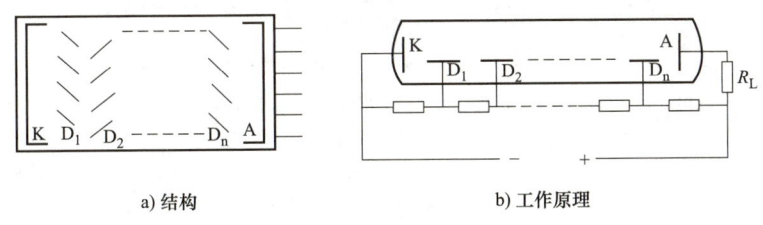

a) 结构　　　　　　　　　　　b) 工作原理

图 5-7　光电倍增管的典型结构和工作原理

光阴极通常由脱出功较小的锑铯或钠钾锑铯的薄膜组成，光阴极接负高压，各倍增极的加速电压由直流高压电源经分压电阻分压供给，灵敏检流计或负载电阻接在阳极 A 处，当有光子入射到光阴极 K 上时，只要光子的能量大于光阴极材料的脱出功，就会有电子从阴极的表面逸出而成为光电子。在 K 和 D_1 之间的电场作用下，光电子被加速后轰击第一倍增极 D_1，从而使 D_1 产生二次电子发射。每一个电子的轰击可产生 3～5 个二次电子，这样就实现了电子数目的放大。D_1 产生的二次电子被 D_2 和 D_1 之间的电场加速后轰击 D_2，…。这样的过程一直持续到最后一级倍增极 D_n，每经过一级倍增极，电子数目便被放大一次，倍增极的数目有 8～13 个，最后一级倍增极 D_n 发射的二次电子被阳极 A 收集，其电子数目可达光阴极 K 发射光电子数的 146 倍以上。这使光电倍增管的灵敏度比普通光电管要高得多，可用来检测微弱光信号。光电倍增管高灵敏度和低噪声的特点，使它在红外、可见和紫外波段检测微弱光信号是最灵敏的器件之一，被广泛应用于微弱光信号的测量、核物理领域及频谱分析等方面。若将灵敏检流计串接在阳极回路中，则可直接测量阳极输出电流；若在阳极串接电阻 R_L 作为负载，则可测量 R_L 两端的电压，此电压正比于阳极电流。

3. 光敏电阻

光敏电阻是一种基于内光电效应制成的光电器件，光敏电阻没有极性，相当于一个电阻器件。光敏电阻的工作原理如图 5-8 所示。在光敏电阻的两端加直流或交流工作电压的条件下，当无光照射时，光敏电阻电阻率变大，从而光敏电阻值 R_G 很大，电路中的电流很小；当有光照射时，由于光敏材料吸收了光能，光敏电阻率变小，从而 R_G 呈低阻状态，电路中的电流变大。光照越强，阻值越小，电流越大。当光照射停止时，R_G 又逐渐恢复高电阻值状态，电路中只有微弱的电流。

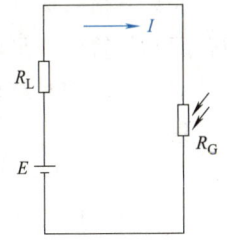

图 5-8　光敏电阻工作原理图

光敏电阻的外形与结构如图 5-9 所示，由一块两边带有金属电极的光电半导体组成，电极和半导体之间组成欧姆接触。由于半导体吸收光子而产生的光电效应，仅仅照射在光敏电阻表面层，因此光电导体一般都做成薄层。

4. 光敏二极管和光敏晶体管

光敏二极管的结构与一般的二极管相似，其 PN 结对光敏感。将其 PN 结装在管的顶部，上面有一个透镜制成的窗口，以便使光线集中在 PN 结上。光敏二极管是基于半导体光生伏

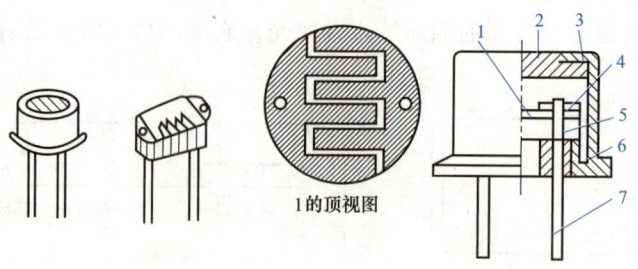

图 5-9 光敏电阻的外形与结构

1—光电导层　2—玻璃　3—金属壳　4—电极　5—绝缘衬底　6—黑色绝缘玻璃　7—引线

特效应的原理制成的光电器件。光敏二极管的工作原理和结构如图 5-10 所示。光敏二极管工作时外加反向工作电压，在没有光照射时，反向电阻很大，反向电流很小，此时光敏二极管处于截止状态。当有光照射时，在 PN 结附近产生光生电子和空穴对，从而形成由 N 区指向 P 区的光电流，此时光敏二极管处于导通状态。当入射光的强度发生变化时，光生电子和空穴对的浓度也相应发生变化，因而通过光敏二极管的电流也随之发生变化，光敏二极管就实现了将光信号转变为电信号的输出。在家用电器、照相机中光敏二极管用来做自动测光器件。

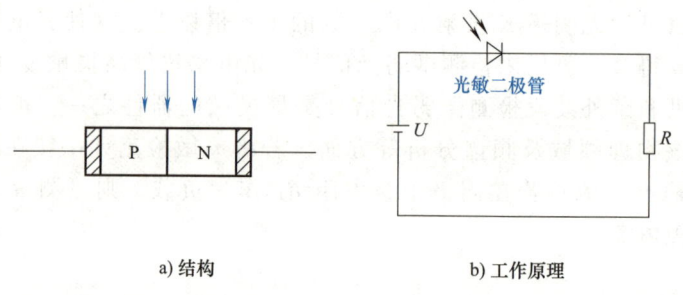

a) 结构　　　　　　　　　　b) 工作原理

图 5-10 光敏二极管的工作原理和结构

光敏晶体管有 NPN、PNP 型两种，是一种相当于在基极和集电极之间接有光敏二极管的普通晶体管，外形与光敏二极管相似。光敏晶体管工作原理与光敏二极管很相似。光敏晶体管的工作原理和结构如图 5-11 所示，具有两个 PN 结。当光照射在基极-集电结上时，就会在集电结附近产生光生电子-空穴对，从而形成基极光电流。集电极电流是基极光电流的 β 倍。这一过程与普通晶体管放大基极电流的作用很相似。所以光敏晶体管放大了基极光电流，它的灵敏度比光敏二极管高出许多。

5. 光电池

光电池是一种直接将光能转换为电能的光电器件，其工作原理及符号如图 5-12 所示。硅光电池是在一块 N 型（或 P）硅片上，用扩散的方法掺入一些 P 型（或 N）杂质，而形成一个大面积的 PN 结。当入射光照在 PN 结上时，PN 结附近激发出电子-空穴对，在 PN 结势垒电场作用下，将光生电子拉向 N 区，光生空穴推向 P 区，形成 P 区为正、N 区为负的光生电动势。若将 PN 结与负载相连接，则在电路中有电流通过。

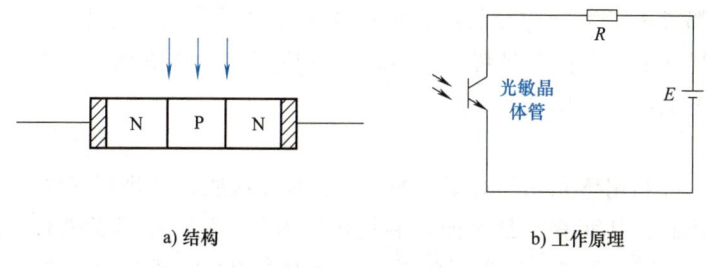

a) 结构   b) 工作原理

图 5-11　光敏晶体管的工作原理和结构

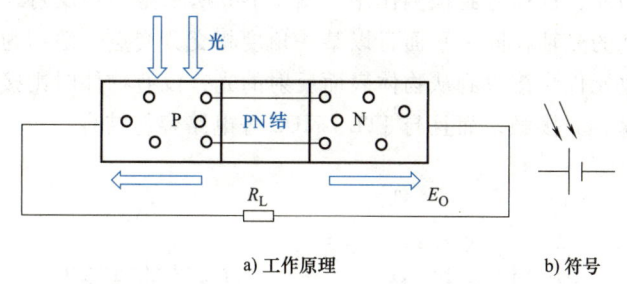

a) 工作原理   b) 符号

图 5-12　光电池的工作原理及符号

5.2.3　光电耦合器件

光电耦合器件是由发光元件（如发光二极管）和光电接收元件合并使用，以光作为媒介传递信号的光电器件。光电耦合器中的发光元件通常是半导体的发光二极管，光电接收元件有光敏电阻、光敏二极管、光敏晶体管或光敏复合管等。根据其结构和用途不同，又可分为用于实现电隔离的光电耦合器和用于检测有无物体的光电开关。

1. 光电耦合器

光电耦合器的发光和接收元件都封装在一个外壳内，一般有金属封装和塑料封装两种。耦合器常见的组合形式如图 5-13 所示。

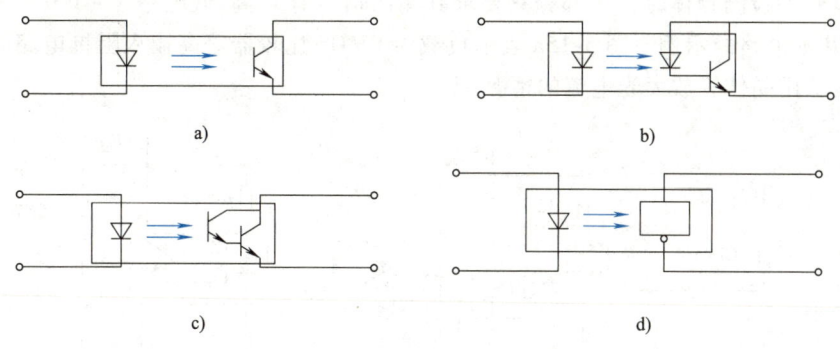

图 5-13　光电耦合器常见的组合形式

图 5-13a 所示的组合形式结构简单、成本较低；且输出电流较大，可达 100mA；响应时间为 3~4μs。图 5-13b 所示的形式结构简单、成本较低；响应时间快，约为 1μs；但输出电流小，在 50~300μA。图 5-13c 所示的形式传输效率高，但只适用于较低频率的装置中。图

5-13d 所示的是一种高速、高传输效率的新颖器件。对图中所示无论何种形式，为保证其有较佳的灵敏度，都考虑了发光与接收波长的匹配。光电耦合器实际上是一个电量隔离转换器，它具有抗干扰性能和单向信号传输功能，广泛应用在电路隔离、电平转换、噪声抑制、无触点开关及固态继电器等场合。

2. 光电开关

光电开关是一种利用感光元件对变化的入射光加以接收，并进行光电转换，同时加以某种形式的放大和控制，从而获得最终的控制输出"开""关"信号的器件。图 5-14 所示为典型的光电开关结构图。图 5-14a 所示的是一种透射式的光电开关，它的发光元件和接收元件的光轴是重合的。当不透明的物体位于或经过它们之间时，会阻断光路，使接收元件接收不到来自发光元件的光，这样起到检测作用。图 5-14b 所示是一种反射式的光电开关，它的发光元件和接收元件的光轴在同一平面且以某一角度相交，交点一般即为待测物所在处。当有物体经过时，接收元件将接收到从物体表面反射的光，没有物体时则接收不到。光电开关的特点是小型、高速、非接触，而且与 TTL、MOS 等电路容易结合。

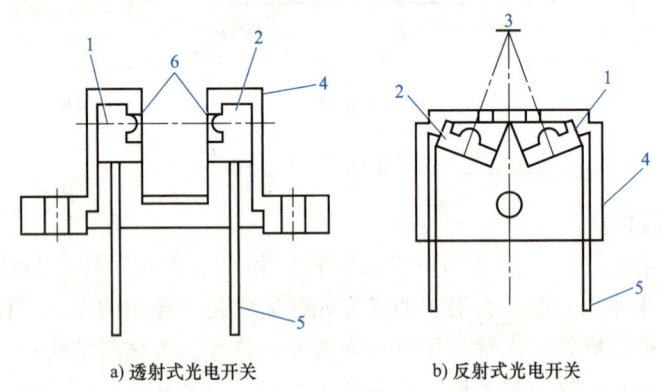

a) 透射式光电开关　　　　b) 反射式光电开关

图 5-14　光电开关结构图

1—发光元件　2—接收元件　3—反射物　4—壳体　5—导线　6—窗

用光电开关检测物体时，大部分只要求其输出信号有"高-低电平"（1-0）之分即可。图 5-15 是基本电路的示例。图 5-15a 表示负载为 CMOS 比较器等高输入阻抗电路时的情况，图 5-15b 表示用晶体管放大光电流的情况。

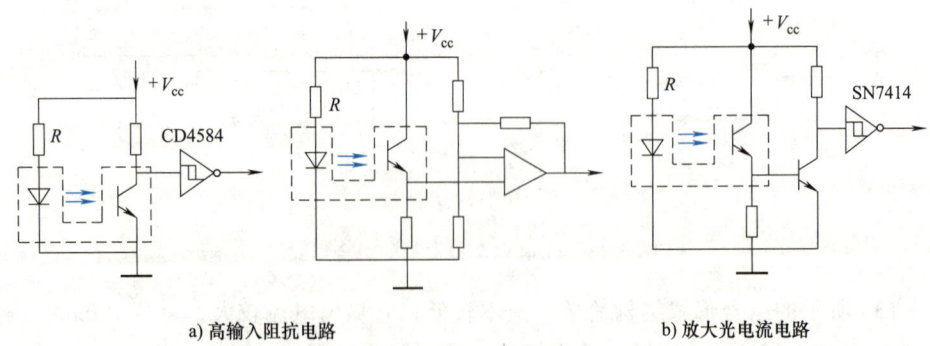

a) 高输入阻抗电路　　　　　　　　b) 放大光电流电路

图 5-15　光电开关的基本电路

5.2.4 应用实例

为了使轮式机器人能有一个良好的运动状态，转速测量是一个必不可少的环节。利用光电开关可以制成光电式转速计，用于测量转速。如图 5-16 所示，在机器人的转轴 1 上安装带孔的圆盘 2，将对射式光电开关安装在圆盘 2 的边缘，保证对射式光电开关的光路和圆盘的孔在一条直线上。机器人的转轴旋转时，圆盘随着转轴一起转动。当圆盘上的孔位于光电开关凹槽处时，光电开关发射出的光线经圆盘上的孔照射到光电接收元件上，光电开关输出信号变化一次。转轴连续转动，光电开关就输出一列与转速及圆盘上的孔数成正比的电脉冲数。在孔数一定时，该列电脉冲数就和转速成正比。

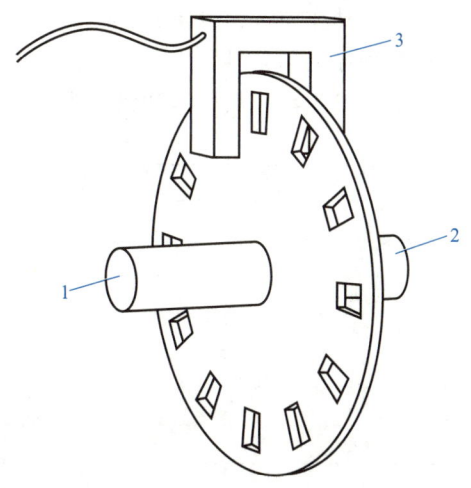

图 5-16 光电式转速计的工作原理
1—机器人转轴 2—圆盘 3—对射式光电开关

5.3 数字编码器

编码器按照结构形式有<u>直线式</u>和<u>旋转式</u>两类，前者用于<u>测量线位移</u>，后者用于<u>测量角位移</u>。旋转编码器是测量角位移的最直接和最有效的数字式传感器，按工作原理分为脉冲盘式（增量编码器）和码盘式（绝对编码器）两大类。增量编码器的输出是一系列脉冲，需要一个计数装置对脉冲进行累计计数，一般还需要一个零位基准，才能完成角位移的测量。绝对编码器能直接将角度变为某种码制的数码输出。

5.3.1 绝对式编码器

绝对式编码器按结构可分为接触式、光电式和电磁式三种，后两种为非接触式编码器。

1. 接触式编码器

（1）结构和工作原理

接触式编码器由码盘和电刷组成，码盘与被测的旋转轴相连，沿码盘的径向安装几个电刷，每个电刷分别与码盘上的对应码道直接接触。如图 5-17 所示。涂黑部分是导电区，所有导电部分连接在一起接高电位，代表"1"；空白部分表示绝缘区低电位，代表"0"。四个电刷沿一固定的径向安装，即每圈码道上都有一个电刷，电刷经电阻接地。当码盘与轴一起转动时，电刷上将出现相应的点位，对应一定的数码，如表 5-1 所示。现在图上表示的是四个码道，称四位码盘，能分辨的角度为 $\alpha = 360°/2^4 = 22.5°$。若采用 n 位码盘，则能分辨的角度为 $\alpha = 360°/2^n$，位数 n 越大，能分辨的角度越小，测量越精确。

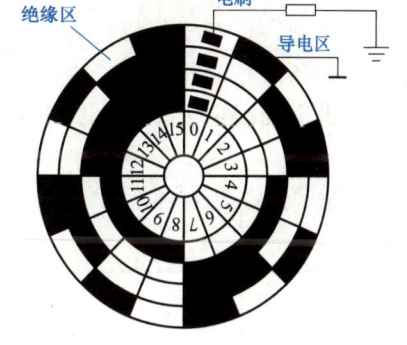

图 5-17 接触式编码器原理图

二进制码盘很简单，但在实际应用中，对码盘的制作和电刷的安装要求十分严格，否则就会出错。例如，在图 5-17 所示位置，内圈码道上的电刷在安装时稍向逆时针方向偏移，

传感器与检测技术

则当码盘随轴作顺时针方向旋转时，输出本应由数码 0000 转换到 1111，但现在内圈码道上的电刷接触导电部分早了些，因而先给出数码 1000，相当于 i 位置输出的数码，这是不允许的，应避免发生。一般称这种错误为非单值性误差。

表 5-1　电刷在不同位置时对应的数码

角　度	电刷位置	二进制码	对应十进制数
0	a	0000	0
α	b	0001	1
2α	c	0010	2
3α	d	0010	3
4α	e	0100	4
5α	f	0101	5
6α	g	0110	6
7α	h	0111	7
8α	i	1000	8
9α	j	1001	9
10α	k	1010	10
11α	l	1011	11
12α	m	1100	12
13α	n	1101	13
14α	o	1110	14
15α	p	1111	15

为了消除非单值性误差，应用最广的方法是采用循环码代替二进制码。循环码的特点是相邻的两个数码间只有一位是变化的，它能较有效地克服由于制作和安装不准而带来的误差。因为当一个代码变为相邻的另一个代码时，可以降低代码在变化时产生错误的概率，还可以避免错一位数码而产生大的数值误差。图 5-18 是一个四位的循环码盘。循环码和二进制码及十进制数的对应关系如表 5-2 所列，这是 0~15 的关系。

二进制码是有权代码，每一位码代表一固定的十进制数，而循环码是变权代码，每一位码不代表固定的十进制数，因此需要把它转换成二进制码。

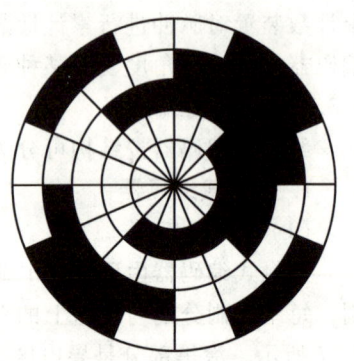

图 5-18　循环码盘

表 5-2　十进制数、直接二进制码和循环码对照表

十进制数	二进制数(C)	循环码(R)	十进制数	二进制数(C)	循环码(R)
0	0000	0000	8	1000	1100
1	0001	0001	9	1001	1101
2	0010	0011	10	1010	1111
3	0011	0010	11	1011	1110
4	0100	0110	12	1010	1010
5	0101	0111	13	1011	1011
6	0110	0101	14	1110	1001
7	0111	0100	15	1111	1000

用 R 表示循环码,用 C 表示二进制码,二进制码转换成循环码的法则是:将二进制码与其本身右移一位后并舍去末位的数码作不进位加法,所得结果就是循环码。

例如,二进制码 0111 所对应的循环码为 0100。转换过程如下:

     0111   二进制码
   $\oplus$ 011   右移一位并舍去末位数码
           作不进位加法
     0100   循环码

其中,$\oplus$ 表示不进位相加,二进制码变循环码的一般形式为:

    $C_1\ C_2\ C_3 \cdots C_n$ 二进制码
  $\oplus$ $C_1\ C_2 \cdots C_{n-1}$ 右移一位并舍去末位数码
              做不进位加法
    $R_1\ R_2\ R_3 \cdots R_{n-1}$ 循环码

由此得

$$\begin{cases} R_1 = C_1 \\ R_i = C_i \oplus R_{i-1} \end{cases} \tag{5-3}$$

由式(5-3)可以看出,两种数码互相转换时,第一位(最高位)保持不变。不进位加在数字电路中可用异或门来实现。

由式(5-3)和异或门的真值表,又得到循环码转换为二进制码的关系为:

$$\begin{cases} C_1 = R_1 \\ C_i = R \oplus C_{i-1} \end{cases} \tag{5-4}$$

根据异或门的逻辑关系,式(5-4)还可以写成

$$\begin{cases} R_1 = C_1 \\ C_i = \overline{R_i} C_{i-1} + R_i \overline{C_{i-1}} \end{cases} \tag{5-5}$$

(2)循环码转换为二进制码的译码电路

因为采用循环码时直接译码有困难,所以一般总是把它译为二进制码。这种译码电路有并行和串行两种。图 5-19 为并行译码电路,此图以四位数码为例。图中循环码最高位接 R_1,其余以此接 $R_2—R_4$,输出端 C_1 为二进制码最高位,$C_2—C$ 依次为各低位。并行译码电路需用元件稍多,但转换速度快。

如果采用串行读数,可用图 5-20 所示的串行译码电路。图中用一个 J-K 触发器和四个与非门构成不进位的加法电路,$R_1 \sim R_4$ 代表循环码的最高位至低位依次输入端,$C_1 \sim C_4$ 代表二进制的最高位至最低位顺序输出端。该电路是从循环码的最高位读起,边读边译,不限制位数,这里只以四位为例。串行译码电路需用元件较少,但转换速度不如并行译码电路。

接触式码盘的优点是简单、输出信号功率大。但是它是电刷和铜箔靠接触导电,不够可靠、寿命短、转速不能太高。

2. 光电编码器

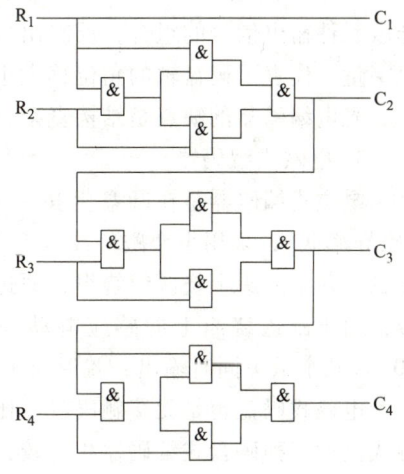

图 5-19 并行译码电路

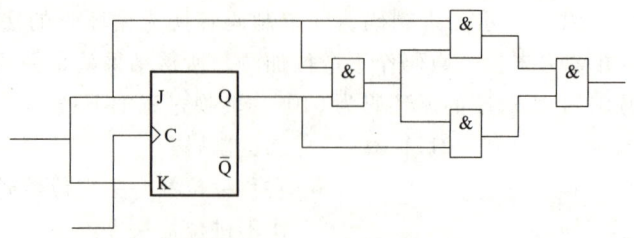

图 5-20　串行译码电路

光电编码器是在自动化控制领域应用较多的一种数字式编码器。它是非接触式测量，寿命长、可靠性高、测量精度和分辨力能达到很高水平。我国已有 16 位光电编码器，其分辨力达到 $360°/2^{16}$。

光电编码器主要由安装在旋转轴上的编码圆盘（码盘）、窄缝以及安装在圆盘两边的光源和光敏元件等组成。如图 5-21 所示。码盘由光学玻璃制成，其上刻有许多同心码道，每位码道上都有按一定规律排列的透光和不透光部分，即亮区和暗区。当光源将光投射在码盘上时，转动码盘，通过亮区的光线经窄缝后，由光敏元件接收。光敏元件的排列与码道一一对应，对应于亮区和暗区的光敏元件输出的信号，前者为"1"，后者为"0"。当码盘旋至不同位置时，光敏元件输出信号的组合，反映出按一定规律编码的数字量，代表了码盘轴的角位移大小。

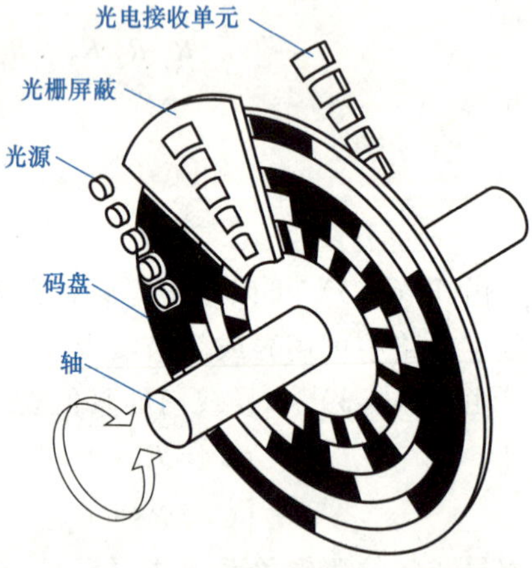

光电编码器的缺点是结构复杂，光源寿命较短。

图 5-21　光电编码器结构图

3. 电磁式编码器

电磁式编码器是在圆盘上按一定的编码图形，做成磁化（磁导率高）区和非磁化区（磁导率低），采用小型磁环或微型马蹄形磁芯作磁头，磁头或磁环紧靠码盘，但又不与它接触，每个磁头上绕两组绕组，原边绕组用恒幅恒频的正弦信号激磁，副边绕组用作输出信号，由于副边绕组上的感应电动势与整个磁路的磁导有关，因此可以区分状态"1"和"0"。几个磁头同时输出，就形成了数码。

电磁式码盘也是无接触码盘，比接触式码盘工作可靠，对环境要求较低，但是成本比接触式高。三种码盘式编码器相比较，光电编码器的性价比最高。

使用码盘式编码器（绝对式编码器）时，若被测转角不超过 360°，它所提供的是转角的绝对值，即从起始位置（对应于输出各位皆为零的位置）所转过的角度。在使用中如遇停电，在恢复供电后的显示值仍然能正确地反映绝对值，可以用两个或多个码盘与机械减速器配合，扩大角度量程，例如选用两个码盘，两者之间的传速比为 10∶1，此时测角范围可扩大 10 倍。但这种情况下，转速低的高位码盘的角度误差，应小于转速高的低位码盘的角度误差，否则其读数将失去实用意义。

5.3.2　增量式编码器

1. 工作原理

增量式编码器又称脉冲盘式编码器，不能直接产生 n 位的数码输出，当盘转动时可产生串行光脉冲，用计数器将脉冲累加起来就可反映转过的角度大小，但遇停电，就会丢失累加的脉冲数，必须有停电记忆措施。

增量式编码器结构如图 5-22 所示。它由光源、光栅板、码盘和光敏元件组成。光栅板外圈有 A、B 两个狭缝，内圈有一个 C 狭缝；光敏元件也对应有 A、B、C 三个，分别接收 A、B、C 狭缝透过的光线。外圈上 A、B 两个狭缝的间距是码盘上的两个狭缝距离的 ($m+1/4$) 倍，m 为正整数，由于彼此错开 1/4 节距，两组狭缝相对应的光敏元件所产生的信号 A、B 彼此相位相差 90°。当码盘随轴正转时，信号 A 超前信号 B 90°；当码盘反转时，信号 B 超前信号 A 90°，这样可以判断码盘的旋转方向。码盘内圈的狭缝 C，每转仅产生一个脉冲，该脉冲信号又称"一转信号"或零标志脉冲，作为测量的起始基准。

图 5-23 所示为增量式光电编码器的输出信号波形。

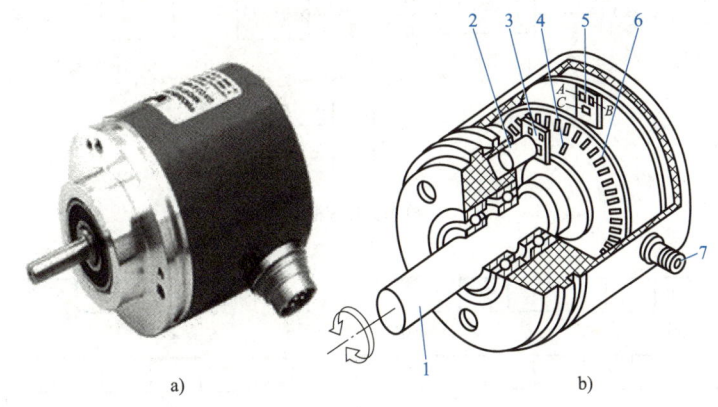

图 5-22 增量式光电编码器的组成
1—轴 2—光源 3—光栅板 4—狭缝 5—光敏元件 6—码盘 7—接线盒

综上所述，可得如下结论：

(1) 当轴旋转时，光电编码器有相应的脉冲输出，其旋转方向的判别和脉冲数量的增加需要外部的判向电路和计数器来实现。

(2) 其计数起点可任意设定，并可实现多圈的无限累加和测量；还可以把每转发出一个脉冲的信号 C 作为机械零位。

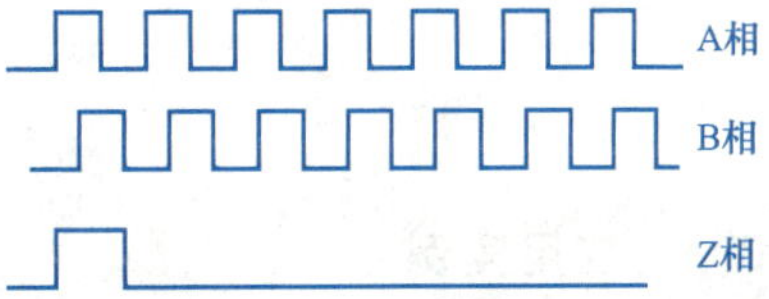

图 5-23 增量式光电编码器的输出信号波形

(3) 编码器的转轴转一圈输出固定的脉冲，输出脉冲数与码盘的刻度线相同。

(4) 输出信号为一串脉冲，每一个脉冲对应一个分辨角 α，对脉冲进行计数就是对 α 的累加，即角位移 $\theta = \alpha N$，N 为脉冲数。

2. 旋转方向的判别

为了判别码盘的旋转方向，可以采用图 5-24a 所示的辨向原理框图来实现，图 5-24b 是它的波形图。光敏元件 1 和 2 的输出信号经放大整形后，产生矩形脉冲 P1 和 P2，它们分别接到 D 触发器的 D 端和 C 端，D 触发器在 C 脉冲（即 P2）的上升沿触发。当正转时，设光敏元件 1 比光敏元件 2 先感光，即脉冲 P1 超前脉冲 P2 90°，D 触发器的输出 $Q = "1"$，使可逆计数器的加减控制线为高电位，计数器将作加法计数。同时 P1 和 P2 又经与门 Y 输出脉冲 P，经延时电路送到可逆计数器的计数输入端，计数器进行加法计数。当反转时，P2 超前 P1 90°，D 触发器输出 Q = "0"，计数器进行减法计数。设置延时电路的目的是等计数器的加减信号抵达后，再送入计数脉冲，以保证不丢失计数脉冲。零位脉冲接至计数器的复位端，使码盘每转动一圈计数器复位一次。这样不论是正转还是反转，计数码每次反映的都是相对于上次角度的增量，所以称为增量式编码器。

增量式编码器的最大优点是结构简单。它除可直接用于测量角位移，还常用来测量转轴的转数。例如测量平均转速，就可以在给定的时间间隔内对编码器的输出脉冲进行计数。

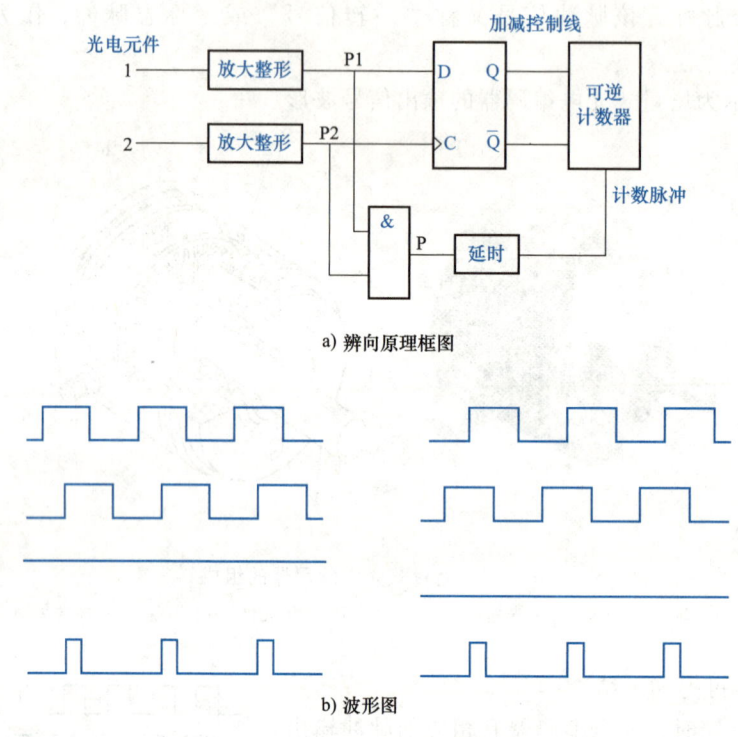

a) 辨向原理框图

b) 波形图

图 5-24　辨向环节原理图和波形图

5.3.3　应用实例

焊接机器人由其控制系统按照一定程序协调各轴运动来完成焊接过程。各轴的控制系统主要由电动机、电动机的伺服系统、放大系统和旋转编码器等元件组成。旋转编码器与电动机通过轴杆相连，电动机的转轴便会带动旋转编码器的码盘转动，这样旋转编码器因电动机的转速不同而提供的脉冲信号就不同。脉冲信号传输到机器人控制系统，控制系统通过处理传输来的脉冲信号来感知各轴运动状况，并按照输入的程序发出指示信号，通过电动机伺服系统、放大系统来控制电动机的运转，从而控制各轴的运动。

5.4　磁电感应式转速传感器

磁电感应式传感器又称磁电式传感器，是利用电磁感应原理将被测量（如振动、位移、转速等）转换成电信号的一种传感器。它不需要辅助电源就能把被测对象的机械量转换成

第 5 章　测速传感器

易于测量的电信号，是一种有源传感器。由于它输出功率大，且性能稳定，具有一定的工作带宽（10~1000Hz），所以得到普遍应用。

5.4.1　磁电感应式转速传感器的工作原理

磁电感应式传感器的工作原理是基于法拉第电磁感应原理。当匝数为 N 的线圈在磁场中运动而切割磁感线，或通过闭合线圈的磁通量 Φ 发生变化时，线圈中将产生感应电动势 e，即：

$$e = -N\frac{d\phi}{dt} \tag{5-6}$$

感应电动势的大小取决于线圈匝数 N 和通过线圈的磁通变化率。而磁通的变化与磁场强度、磁路磁阻、线圈与磁场相对运动等因素有关，改变其中任何一个因素都会改变线圈中的感应电动势。

1. 线速度型

当线圈在恒定磁场中做切割磁力线运动时，则产生的感应电动势为：

$$e = NBlv\sin\theta \tag{5-7}$$

式中　N——线圈有效匝数；
B——磁场的磁感应强度；
l——单匝线圈的长度；
v——线圈与磁场的相对运动速度；
θ——线圈运动方向与磁场方向的夹角。

当 $\theta = 90°$ 时：

$$E = NBlv \tag{5-8}$$

N、B 和 l 为恒定值，E 与线圈的运动速度 v 成正比。因此，可测量速度、位移、加速度。

2. 角速度型

线圈相对磁场旋转切割磁感线时，产生的感应电动势为：

$$e = NBA\frac{d\theta}{dt}\sin\theta = NBA\omega\sin\theta \tag{5-9}$$

式中　N——线圈有效匝数；
B——磁场的磁感应强度；
A——单匝线圈的截面积；
θ——线圈平面法线方向与磁场方向的夹角；
ω——旋转运动角速度。

当 $\theta = 90°$ 时：

$$e = NBA\omega \tag{5-10}$$

N、B 和 A 为恒定值，感应电动势 e 与线圈和磁场的相对运动角速度 ω 成正比。因此，可测量角速度。

通过改变磁通的方法或用线圈切割磁感线的方法可以产生感应电动势，所以磁电式传感器分为变磁通式和恒磁通式两种类型。

变磁通式磁电传感器中产生磁场的永久磁铁和线圈都固定不动，通过磁通 ϕ 的变化产

生感应电动势 e。它要求被测物体或与被测物体连接部分用导磁材料制成，当被测物体运动时，磁路的磁阻发生变化，使穿过线圈的磁通量变化，从而在线圈中产生感应电动势，所以变磁通式磁电传感器又称为变磁阻式磁电传感器，常用于角速度的测量。

在恒磁通式磁电传感器中，工作气隙中的磁通保持不变，线圈相对永久磁铁运动，并切割磁感线而产生感应电动势。

5.4.2 应用举例

变磁通式传感器可以用来测量旋转物体的转速。如图 5-25 所示，变磁通式传感器的线圈和磁铁部分是固定的，与被测件连接的运动部分是用导磁材料制成的，它将改变磁路的磁阻，从而改变穿过线圈的磁通量，在线圈中产生感应电动势。

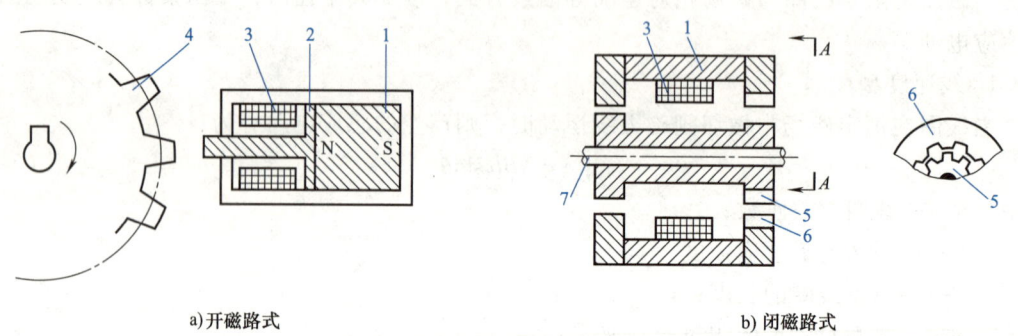

a) 开磁路式　　　　　　　　　　　　b) 闭磁路式

图 5-25　变磁通式磁电转速传感器测量齿轮转速原理图

1—永久磁铁　2—软磁铁　3—线圈　4—齿轮　5—外齿轮　6—内齿轮　7—测量轴

图 5-25a 为开磁路变磁通式：线圈、磁铁静止不动，测量齿轮安装在被测旋转体上，随被测体一起转动。每转动一个齿，齿的凹凸引起磁路磁阻变化一次，磁通也就变化一次，线圈中产生感应电势，其变化频率等于被测转速与测量齿轮上齿数的乘积。这种传感器结构简单，但输出信号较小，且因高速轴上加装齿轮较危险而不宜测量高转速的场合。

图 5-25b 为闭磁路变磁通式传感器，它由装在转轴上的内齿轮和外齿轮、永久磁铁和感应线圈组成，内外齿轮齿数相同。当转轴连接到被测转轴上时，外齿轮不动，内齿轮随被测轴而转动，内、外齿轮的相对转动使气隙磁阻产生周期性变化，从而引起磁路中磁通的变化，使线圈内产生周期性变化的感应电动势。显然，感应电势的频率与被测转速成正比。

5.5　实训课题　直流电动机转速的测量

1. 实训内容

利用旋转编码器测量直流电动机的转速。

2. 实训目的

1) 进一步了解旋转编码器的工作原理。

2) 了解旋转编码器的 A/B 脉冲信号波形，旋转方向对脉冲相位的影响。

3) 掌握旋转编码器的安装和接线方法。
4) 学会使用旋转编码器测量直流电动机转速的计算方法。
5) 掌握示波器的使用方法。

3. 实训步骤

1) 将编码器与直流电动机相连。
2) 将旋转编码器的 VCC 引脚接直流稳压电源"+"，GND 接直流稳压电源"-"。
3) 分别将两个示波器探头接旋转编码器的 A/B 相，地线接电源 0V。
4) 起动直流电动机。
5) 测试并记录旋转编码器输出脉冲的相位和周期。
6) 使直流电反接，观察旋转编码器 A/B 相位的变化。

4. 实验结果分析

（1）制作表格

测量次数	相位	周期	电压峰值	电压谷值
1				
2				
3				
4				
5				

（2）绘制曲线

横坐标为时间轴，纵坐标为电压值。计算直流电动机的转速。

5. 思考题

简述旋转编码器的脉冲数与测量精度的关系。

本 章 小 结

本章主要介绍了霍尔传感器、磁电式传感器、数字编码器和光电编码器的基本工作原理及应用。

霍尔传感器是基于霍尔效应原理制成的传感器。霍尔传感器具有性能稳定、功耗小、抗干扰能力强、使用温度范围宽等优点。

光电传感器是将光信号转换为电信号的传感器。光电传感器具有高精度、高分辨率、高可靠性、非接触、响应快和结构简单等特点。

磁电式传感器是利用法拉第电磁感应原理制作而成的，被广泛用来测量转速等物理量。

数字式编码器具有结构简单、可靠性高的特点。其中以光电式编码器应用最为广泛。

光电式编码器没有触点，因而允许转速高，稳定可靠、坚固耐用，精度高，在机器人领域得到了广泛的应用。

思 考 题

1. 什么是霍尔效应？
2. 简述利用霍尔传感器测量转速的原理。

3. 什么是光电效应？光电效应分为哪几种类型？
4. 简述透射式光电开关和反射式光电开关的工作原理。
5. 简述光电转速计的工作原理。
6. 简述绝对式编码器和增量式编码器的区别。
7. 简述磁电式传感器的工作原理。
8. 简述利用磁电式传感器测量转速的原理。

第6章 液位、流量传感器

传感器与检测技术

液位是指储存于各种容器中液体所积存的相对高度或自然界中江、河、湖、水库表面。液位传感器是一种测量液位的压力传感器,在工业中有着广泛的应用,特别是在石油化工等行业中转罐、沉降罐、游离水脱出器、电脱出器、缓冲罐、储运罐等各个环节都需要液位或界面的测量,在发电厂的汽包、油箱中也有所应用。

液位传感器分为两类,第一类为<u>接触式</u>,包括单法兰静压、双法兰差压液位变送器,浮球式液位变送器,投入式液位变送器,电容式液位变送器,电感式液位变送器,磁致伸缩液位变送器;第二类为<u>非接触式</u>,分为超声波液位变送器,雷达液位变送器等。

流量是工业生产过程中一个非常重要的参数。单位时间内通过管道某一截面的体积数或质量数称为流体的瞬时流量,而在一段时间范围内通过某一截面的体积数或质量数的总和称为流体的累积流量。因此流量可以分为体积流量和质量流量。

根据流体的性质、工作状态、工作场合等的不同,有很多测量流量的方法,目前应用较多的测量流量的传感器中,常常将流量测量转换成其他非电量的测量,如转速(速度)、位移、压差、频率、时间、温度等,然后再在检测仪表中把这些非电量转换为电量,从而计算出流体的流量。

<u>流量计用于在选定的时间间隔内测量流体总量</u>。很多原料、半成品、成品都是以流体状态出现的。流体的流量就成为决定产品成分和质量的关键,也是生产成本核算和合理使用能源的重要依据。

本章主要介绍电容式传感器、光纤传感器、差压式流量计和超声波传感器的原理及方法。

6.1 电容式传感器

电容式传感器是将被测量(如尺寸、位移、压力等)的变化转换成电容量变化的一种传感器。电容式传感器具有结构简单、体积小、分辨率高、动态响应好、温度稳定性好,电容量小、负载能力差、易受外界干扰产生不稳定现象等特点。电容式传感器广泛应用于位移、振动、角度、加速度、压力、压差、液面、成分含量等方面的测量。

常见的电容式传感器如图 6-1 所示。

6.1.1 电容传感器的工作原理

由物理学可知,由两平行极板组成一个电容,如图 6-2 所示,若忽略电源效应,其电容量为:

传感器与检测技术

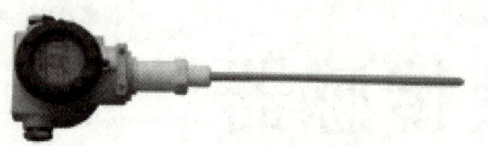

图 6-1 电容式液位传感器　　　　图 6-2 电容器示意图

$$C = \frac{\varepsilon A}{d} \tag{6-1}$$

式中　ε——电容极板间介质的介电常数：$\varepsilon = \varepsilon_0 \varepsilon_r$，其中 ε_0 为真空介电常数，$\varepsilon_0 = 8.854 \times 10^{-12} \text{F/m}$，$\varepsilon_r$ 为极板间介质相对介电常数；

　　　A——两平行板所覆盖的面积（m^2）；

　　　d——两平行板之间的距离（m）。

由式 6-1 所知，当 A、d 或 ε 发生变化时，电容量 C 也随之变化。如果保持其中两个参数不变，而仅改变其中一个参数，就可把该参数的变化转换为电容量的变化，通过测量电路就可转换为电量输出。因此，可根据电容量的变化确定被测量的大小，这就是电容传感器的工作原理。

根据电容改变因素，电容式传感器可分为变极距型、变面积型和变介质（变介电常数）型三种。

1. 改变极板间距离的平板电容式传感器

如图 6-3a 所示，设 1 板为一固定极板，2 板为一可动极板，当 2 板随被测位移 x 移动时，两板间距离 d 就发生变化，从而改变电容量。由图 6-3b 可知其特性为非线性，但若 Δd 很小时，则可以近似为线性特性，而且具有很高的灵敏度。如图 6-3c 所示为差动式结构，可以提高灵敏度、减小非线性。

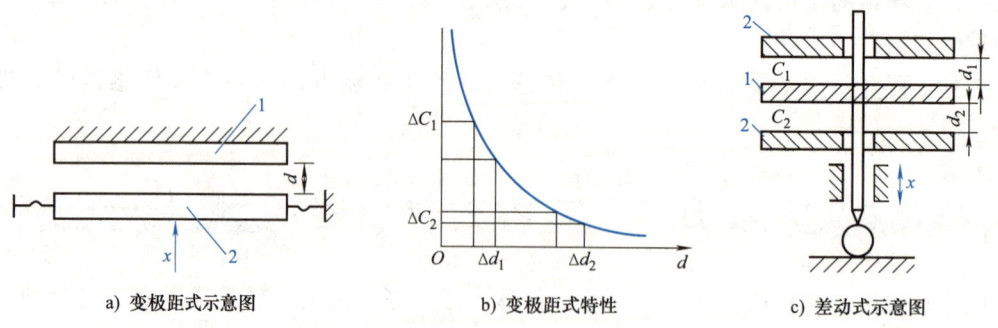

a) 变极距式示意图　　　b) 变极距式特性　　　c) 差动式示意图

图 6-3 平板电容式传感器
1—固定极板　2—可动极板

改变极距型电容位移传感器具有较高的灵敏度，但电容变化与极距变化之间为非线性关系。只能用于小位移测量，只有在小位移测量时，其灵敏度才为常数（只有在 $\Delta d/d \ll 1$ 的情况，电容随极板间距离的变化才近似成线性关系）。

改变极距型电容位移传感器灵敏度与初始极距 d_0 的平方成反比，故可通过减小初始极距来提高灵敏度。但当 d_0 过小时,又容易引起击穿或短路。同时加工精度要求也高了。

故一般在极板间采用高介电常数的材料,如放置云母、塑料膜等介电常数高的物质作为介质。在实际应用中,为了提高灵敏度,减小非线性,改善线性度,可采用差动式结构。

2. 改变极板间有效面积的电容式传感器

改变极板间有效面积的电容式传感器常见的有以下几种:平板式、圆筒面式、扇形平板式,如图 6-4 所示。同样它们也可以做成差动式。平板式和圆筒面式用于测量直线位移,扇形平板和柱面板式用于测量角位移。变面积式电容传感器的特性为线性特性,测量范围宽,但灵敏度较低。

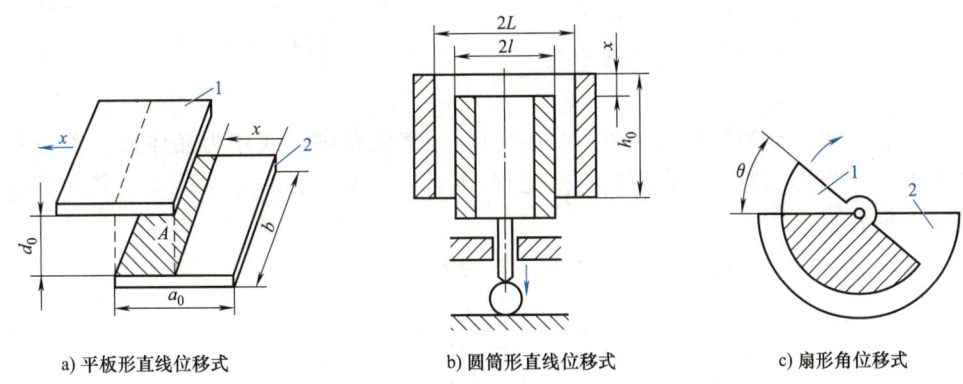

a) 平板形直线位移式　　b) 圆筒形直线位移式　　c) 扇形角位移式

图 6-4　变面积式电容传感器的结构及原理

变面积型电容位移传感器可用于线位移测量,也可用于角位移测量。根据不同需要采用平板型极板、圆筒型极板或锯齿型极板,这类传感器输入输出具有线性特性。动极板移动时,两极板间的相对有效面积 S 发生变化,引起电容 C 发生变化。变面积式电容传感器的灵敏度为常数,即输出与输入呈线性关系。

3. 改变极板间介质的电容式传感器

改变极板间介质的电容式传感器的电极间相互位置没有任何改变,而是靠改变极板间介质高度来改变其电容值的。设被测介质的相对介电常数为 ε_{r1},空气的相对介电常数为 $\varepsilon_{r0}=1$,介质高度为 h,传感器总高度为 H,内筒的外径为 l,外筒的内径为 L,则传感器的电容值为:

$$C = C_0 + \frac{K(\varepsilon_{r1} - \varepsilon_{r0})h}{\ln(L/l)} \tag{6-2}$$

式中　$C_0 = K\varepsilon_{r0}H/\ln(L/l)$ ——传感器的初始电容值。

用于位移或尺寸测量的变介质电容位移传感器,一般都具有较好的线性关系。但也有输入/输出呈非线性关系的。极间介质材料可为纸、布或胶片,这种传感器可用于测量介质的厚度,也可通过测量介质的介电常数间接测量影响介电常数的某些量,如湿度、温度等。

上面三种电容式传感器,其中改变面积型和改变介质(变介电常数)电容位移传感器具有比较好的线性,但灵敏度比较低。

6.1.2　电容式传感器的测量电路

电容式传感器的检测元件将被测非电量转换为电容的变化量后,由于电容值非常小,不能直接用现有的显示仪表来显示,难于传输,因此需要用测量电路把电容量的变化转换成与其成正比的电压（电流或频率）等电信号，以便显示、记录或传输。与电容式传感器配用的测量电路很多，常用的有桥式电路、调频振荡电路、运算放大器式电路和脉冲调宽型电路等，以下介绍后三种电路。

1. 调频振荡电路

这种电路是把电容式传感器作为振荡器电路的一部分，当被测量变化而使电容量发生变化时，能使振荡频率发生相应的变化。由于振荡器的频率受电容式传感器的电容调制，故称为调频振荡电路。图 6-5 所示为这种测量电路的原理框图。

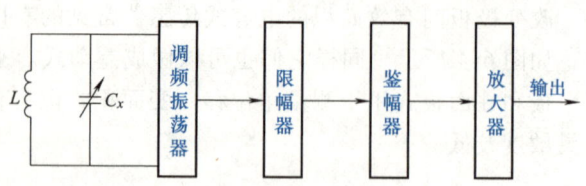

图 6-5 调频振荡电路原理框图

图中电容式传感器的传感元件 C_x 被接在 LC 振荡回路中，或作为晶体振荡器中石英晶体的负载电容。当传感器的电容值发生变化（ΔC）时，其振荡频率也改变，从而实现了由电容到频率的转换。

设初始时（被测量 $x=0$、$\Delta C=0$）振荡器的频率 f_0 为：

$$f_0 = \frac{1}{2\pi\sqrt{LC_0}} \tag{6-3}$$

而当 $\Delta C \neq 0$ 时，振荡频率 f 随 ΔC 而改变，其值为：

$$f = f_0 \pm \Delta f = \frac{1}{2\pi\sqrt{LC}} \tag{6-4}$$

式（6-4）中，C 包括传感器电容 C_x（$C_x = C_0 \pm \Delta C$）、振荡回路中的微调电容 C_1 和传感器电缆分布电容 C_2，即 $C = C_1 + C_2 + C_0 \pm \Delta C$。

由于振荡器输出有两个变化量即频率 Δf 和幅值 Δu，为了限制幅值的变化，常在后面加入限幅放大器，使幅值成为定值，从而使输出量的变化只有 Δf，以此作为判断被测量的大小。又由于测量系统是非线性的，且不便于测量仪表显示，为此应在限幅器的后面加入鉴频器，用以补偿其他部分的非线性，使整个测量系统线性化，并将频率信号转换为电压或电流等模拟量输出至放大器，进行放大。如果欲得到数字量，再进行模/数转换等处理，将模拟信号转换成数字信号，便于数字显示或数字控制等。

调频振荡测量电路的特点是灵敏度高，可以测量 0.01pF 甚至更小的电容变化量。另外，其抗干扰能力强，能获得高电平的直流信号，也可获得数字信号输出。其缺点是振荡频率受温度变化和电缆分布电容影响较大。

2. 运算放大器式电路

由于运算放大器的放大倍数 K 非常大，而且输入阻抗 Z_i 很高，运算放大器的这一特点可以作为电容式传感器的比较理想的测量电路，其电路如图 6-6 所示，C_x 为电容式传感器。

图 6-6 中 A 点为虚地点，由于 Z_i 很高，所以 $I \approx 0$，根据基尔霍夫定律，可列出如下方程：

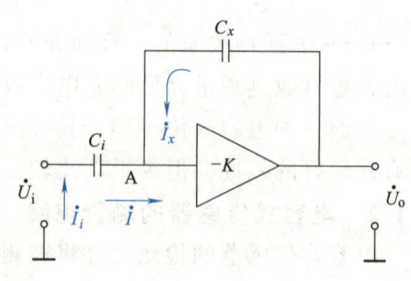

图 6-6 运算放大式测量电路

$$\dot{U} = \frac{\dot{I}_i}{jwC_i} \tag{6-5}$$

$$\dot{U}_o = \frac{\dot{I}_x}{jwC_x} \tag{6-6}$$

$$\dot{I}_i = -\dot{I}_x \tag{6-7}$$

由式（6-5）、式（6-6）、式（6-7）可得：

$$\dot{U}_o = -\dot{U}_i \frac{C_i}{C_x} \tag{6-8}$$

如果传感器是一个平板电容，则：

$$C_x = \frac{\varepsilon_0 S}{l} \tag{6-9}$$

将式（6-9）代入：

$$\dot{U}_o = -\dot{U}_i \frac{C_i}{\varepsilon_0 S} l \tag{6-10}$$

由式（6-10）可知，运算放大器式电路的输出电压与动极板机械位移 l（即极板距离）成线性关系，从而解决了单个变极距型电容式传感器的非线性问题。式（6-10）是在 $K \to \infty$，$Z_i \to \infty$ 的前提下得到的。由于实际使用的运算放大器的放大倍数 K 和输入阻抗 Z_i 总是一个有限值，所以该测量电路仍然存在一定的非线性误差；当 K、Z_i 足够大时，这种误差是相当小的，可以使测量误差在要求范围之内，因此这种电路仍不失其优点。

3. 脉冲宽度调制电路

脉冲宽度调制电路是用于测量差动结构的电容传感器的输出电容，电路原理如图 6-7 所示。它是利用对传感器电容的充放电使电路输出脉冲的宽度随传感器电容量的变化而变化，再通过低通滤波器得到相应被测量变化的直流信号。

图 6-7 中，C_1、C_2 为传感器的差动电容，当电源接通时，设双稳态触发器的 A 端为高电位，B 端为低电位，因此 A 点通过 R_1 对 C_1 充电，直至 C 点上的电位等于参考电压 u_R 时，比较器 A_1 产生一个脉冲，触发双稳态触发器翻转，A 点成低电位，B 点成高电位。此时 C 点电位经二极管 VD_1 迅速放电至零，而同时 B 点的高电位经 R_2 向 C_2 充电。当 D 点的电位充至 u_R 时，比较器 A_2 产生一个脉冲，使触发器又翻转一次，使 A 点成高电位，B 点成低电位，又重复上述过程。如此周而复始，在双稳态触发器的两输出端各自产生一个宽度受 C_1、C_2 调制的脉冲方波。

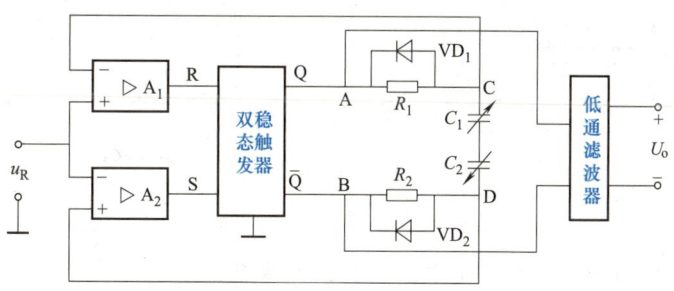

图 6-7 差动脉冲宽度调制电路

当 $C_1 = C_2$ 时,各点电压波形如图 6-8a 所示,输出平均电压 u_{AB} 的平均值为零。但若 $C_1 \neq C_2$(如 $C_1 > C_2$),则 C_1、C_2 充电时间常数就发生改变,电压波形如图 6-8b 所示,输出平均电压 u_{AB} 就不再为零。

输出电压 u_{AB} 经低通滤波器后,即可得到直流电压 U_0,在理想情况下,它等于 u_{AB} 的电压平均值,即:

$$U_0 = \frac{T_1}{T_1 + T_2}U_1 - \frac{T_2}{T_1 + T_2}U_1 = \frac{T_1 - T_2}{T_1 + T_2}U_1 \tag{6-11}$$

式中 T_1——C_1 充电时间,$T_1 = R_1 C_1 \ln \dfrac{U_1}{U_1 - U_r}$

T_2——C_2 充电时间,$T_1 = R_2 C_2 \ln \dfrac{U_1}{U_1 - U_r}$

U_1——触发器输出的高电位。

当电阻 $R_1 = R_2 = R$ 时,

$$U_0 = \frac{T_1 - T_2}{T_1 + T_2}U_1 = \frac{C_1 - C_2}{C_1 + C_2}U_1 \tag{6-12}$$

即直流输出电压正比于电容器的电容量差值,极性可正可负。

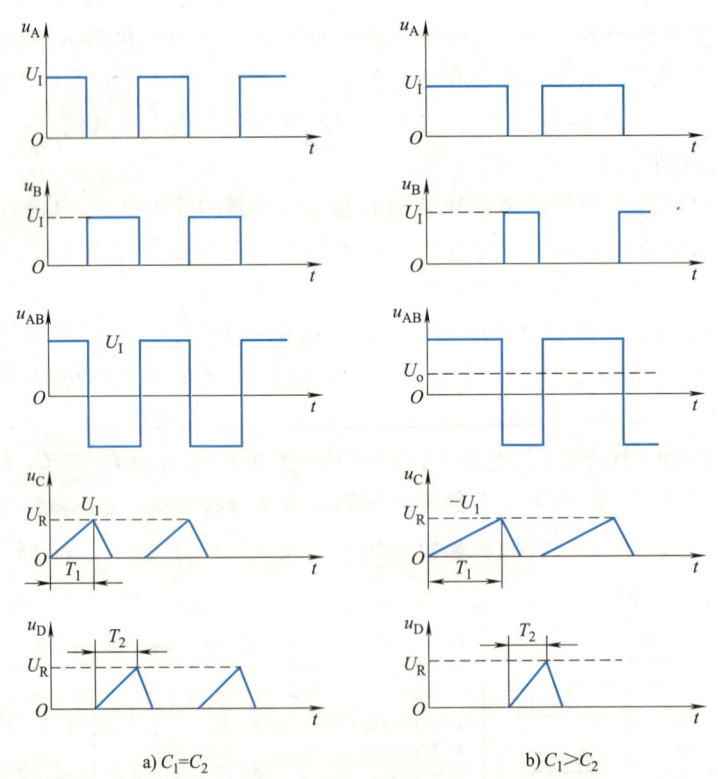

a) $C_1 = C_2$ b) $C_1 > C_2$

图 6-8 脉冲宽度调制电路各点电压波形

从以上分析可以看出,脉冲调宽电路具有以下特点:

1)对传感元件的线性要求不高,不论是变极距型,还是变面积型,其输出量都与输入

量成线性关系;

2)不需要调解电路,只要经过低通滤波器就可以得到较大的直流输出;

3)调宽频率的变化对输出无影响;

4)由于低通滤波器的作用,所以对输出矩形波纯度要求不高。

这些特点都是其他电容测量电路无法比拟的,但应用时应注意电源电压必须稳定。

6.1.3 电容式传感器应用实例

1. 电容式传感器在储油容器液位检测中的应用

在某个储油容器监控系统中,需要测量油箱内油位高度。要求设计一个油位测量系统。

根据本任务的检测要求,选择CR606系列油位传感器,属于同心圆柱式。CR-606系列电容油位传感器的传感部分是一个同轴的容器,当油进入容器后引起传感器壳体和感应电极之间电容量的变化,这个变化量通过集成转换电路的转换并进行精确的线性和温度补偿,输出4~20mA标准信号供给显示仪表以显示油位。如图6-9所示为测量电路原理,主要由振荡电路、放大电路和控制电路等组成。集成的测量电路与电容转换元件(探头)制作一起,便于现场检测和输出信号的传输,具有很强的抗干扰能力。

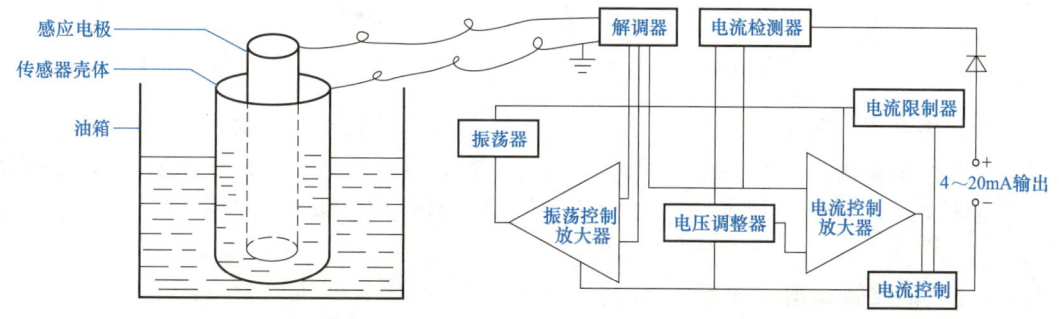

图6-9 油位测量电路原理

按照CR-606型油位传感器说明书上要求,正确安装传感器,外壳必须可靠接地。红、黑端分别接24V直流电源正、负极,输出电流信号红、蓝端分别接毫安表的正、负极,通电预热30min,使输出信号稳定。对传感器进行标定,确定液位是零的位置,按下"零点"键。加入油至最高液位时,按下"量程"键,完成传感器的标定,完成标定后,就可以进入运行状态。

2. 电容式传感器在扫地机器人中的应用

在扫地机器人应用中,为了检查扫地机器人灰尘盒中的灰尘是否装满,在灰尘盒两侧安装变介质型电容传感器,如图6-10所示。当灰尘盒中灰尘高度到达电容式传感器高度时,电容式传感器中的介质发生改变,由于灰尘的介电常数与空气的介电常数不同,从而引起传感器电容变化,传感器将信号传给控制器,控制器控制扫地机器人发出报警信号,提醒主人应该清理灰尘盒了。

图6-10 扫地机器人

6.2 光纤传感器

光导纤维传感器（简称光纤传感器），是目前发展得极快的一种传感器。

自从 1977 年发表了第一篇光纤传感器论文以来的二十多年时间里，已研制出多种光纤传感器，内容涉及位移、速度、加速度、液体、压力、流量、振动、水声、温度、电压、电流、磁场、核辐射、应变、荧光、pH 值、DVA 生物等光纤传感器。如图 6-11、图 6-12 所示。

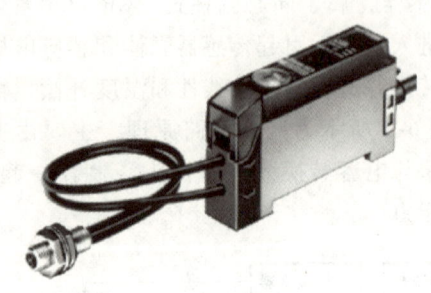

图 6-11 反射式光纤传感器

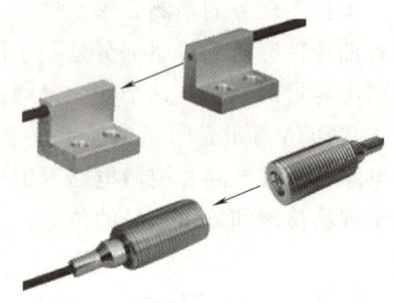

图 6-12 对射式光纤传感器

光纤传感器和其他传感器相比具有：**抗电磁干扰强**（不怕电磁干扰）、**灵敏度高**（有的甚至高出几个数量级）、**重量轻**、**体积小**（光纤直径只有几十微米到几百微米）、**柔软**等特点。它对军事、航天航空技术和生命科学等的发展起着十分重要的作用，应用前景十分广阔。

6.2.1 光纤的传输原理

光纤是一种多层介质结构的对称圆柱体，包括纤芯、包层、涂敷层及护套，如图 6-13 所示。纤芯材料的主体是 SiO_2 玻璃，并掺入微量的 GeO_2、P_2O_5 以提高材料的光折射率，其芯直径为 5~75μm。包层可以是一层、二层或多层结构，总直径为 100~200μm，包层材料主要也是 SiO_2，掺入了微量的 B_2O_3 或 SiF_4 以降低包层对光的折射率。涂敷层为硅酮或丙烯酸盐，以保护光纤不受损害，增加光纤的机械强度。护套采用不同颜色的塑料管套，一方面起保护作用，另一方面以颜色区分各种光纤。许多根单条光纤组成光缆。

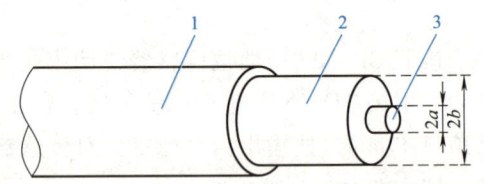

图 6-13 光纤的结构示意图

1—涂敷层　2—包层　3—纤芯

若光线以较小入射角 θ_1（如图 6-14 所示）入射，由光密介质（n_1）入射向光疏介质（n_2），则一部分光以折射角 θ_2 折射入光疏介质，一部分以 $90°-\theta_1$ 角反射回光密介质。其入射方向与折射方向关系为：

$$\frac{\sin\theta_1}{\sin\theta_2}=\frac{n_2}{n_1} \tag{6-13}$$

式中 $\sin\theta_1/\sin\theta_2$ 为一定值。若增大 θ_1，则 θ_2 增大，当 θ_1 达到 θ_c 时，折射角 $\theta_2=90°$，即折射光折向界面方向，称此时的入射角 θ_c 为临界角。所以：

$$\sin\theta_c = \frac{n_1}{n_2} \tag{6-14}$$

当入射角 θ_1 大于临界角时,光线就不会透过其界面而全部反射到光密介质内部,即发生全反射。这时光线射入光纤端面时与光纤轴的夹角 $90°-\theta_1$ 小于一定值,光线就不会射出纤芯,不断地在纤芯和包层界面产生全反射而向前传播。

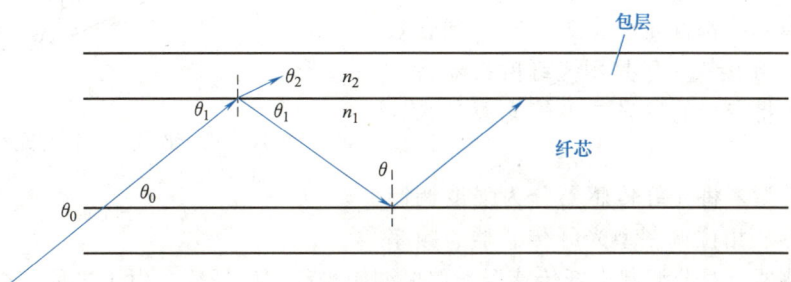

图 6-14 光纤的传光原理示意图

一般纤芯到包层界的折射率变化有两种形式:阶跃折射率(即前面计的折射率在界面突变)和渐变折射率,且两者只是引起光的传播形式的不同,目的都是要使光线无耗地从一端传向另一端,而实际上光线在光纤中传播时存在能量衰减。假设入射端和出射端光功率分别为 P_1 和 P_0,则光纤的能量损耗 α 可以表示为:

$$\alpha = \frac{10}{L}\lg\frac{P_1}{P_0} \tag{6-15}$$

式中 L——光纤长度

能量损耗产生的原因大致有三个方面:

1)吸收损耗,是指光纤材料吸收光能量和纤芯层里氢氧离子振动的能量吸收;

2)微弯损耗,光纤微微弯曲或绕于一个小轴上时,纤芯与包层介面上某些地方光线不满足全反射而进入包层;

3)散射损耗,因纤芯材料折射率的变化而产生散射,在其他方向上可看到微弱的光信号。

6.2.2 光纤传感器的工作原理

按工作原理,一般将光纤传感器分为两大类:一类是传光型,也称非功能型光纤传感器,又可以细分为光纤传输回路型和光纤探头型;另一类是传感型,或称功能型光纤传感器,又可以细分为干涉型、非干涉型和光电混合型。前者是将光源的光通过光纤送入调制器,使待测信号与光互相作用,导致光的性质(光强、波长或频率、相位、偏振态、时分等)发生变化成为调制器,再经光纤送入光探测器,经解调后获得被测参数的信息,如图 6-15 所示。其中光纤是不连续的,只起传导功能,而用其他敏感元件感觉信息。后者中光纤是连续的,它不仅传导光,而且利用它对外界信号的敏感能力和检测功能,使入射光的光学性质发生变化来实现"传"和"感"的功能。

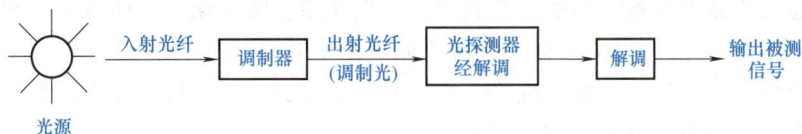

图 6-15 传光型光纤传感器的原理示意图

传感器与检测技术

实际上光源的光与光纤的接口或光纤的光与调制器的连接都采用光纤接头，该接头有活接头和死接头两种。其中活接头有用于固体激光器与光纤的连接头（见图6-16），光耦合效率为10%～20%；用聚焦透镜耦合的光耦合器，将透镜和光纤都固定于支架，它的耦合效率可达70%。死接头一般是用光纤融接器将二光纤对接，或将带尾的发光二极管光源与光纤连接。

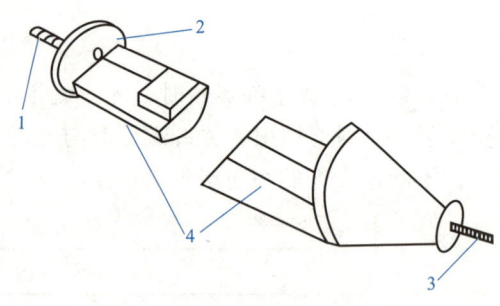

图6-16 用于连接激光器与光纤的接头
1—导线 2—激光器 3—光纤
4—切去一部分的小平台

按调制类型，将光纤传感器分为强度调制型光纤传感器、相位调制型光纤传感器、频率调制光纤传感器、时分调制光纤传感器和偏振调制光纤传感器等。由于这种分类方法体现了各种传感器的具体转换机理，易于理解，因此下面主要以其调制类型作简单介绍。

1. 强度调制原理

光源发射的光经入射光纤传输到调制器——它由可动反射器等组成，经反射器把光反射到出射光纤，通过出射光纤传输到光电接收器。而可动反射器的动作受到被测信号的控制，因此反射出的光强是随被测量变化的。光电接收器接收到光强变化的信号，经解调得到被测物理量的变化。当然，还可采用可动透射调制器或内调制型—微弯调制等。图6-17为三种强度调制原理示意图。可动反射调制器中出射光纤能收到多少光强，由入射光纤射出的光斑在反射屏上形成的基圆大小决定，而圆半径由反射面到入射光纤的距离决定，它又受待测物理量控制（如微位移、热膨胀等），因此出射光纤收到的光强调制信号代表了待测物理量的变化，经解调可得到与待测物理量成比例的电信号，运算即得到待测量的变化。

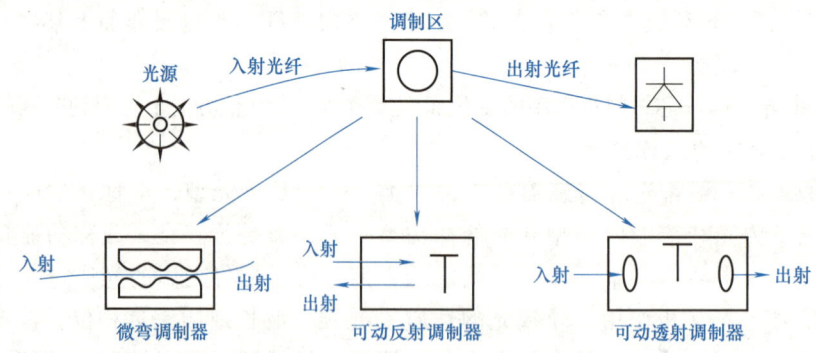

图6-17 三种强度调制原理示意图

2. 相位调制原理

将光纤的光分为两束，一束相位受外界信息的调制，一束作为参考光使两束光叠加形成干涉花纹，通过检测干涉条纹的变化可确定出两束光相位的变化，从而测出使相位变化的待测物理量。如图6-18给出相位调制传感器的原理图，其调制机理分为两类：一类是将机械效应转变为相位调制，如将应变、位移、水声的声压等通过某些机械元件转换成光纤的光学量（折射率等）的变化，从而使光波的相位变化；另一类利用光学相位调制器将压力、转动等信号直接改变为相位变化。

第 6 章　液位、流量传感器

3. 频率调制原理

单色光照射到运动物体上后，反射回来时，由于多勒效应，其频移后的频率为：

$$f = \frac{f_0}{1 - v/c} \approx f_0(1 + v/c) \quad (6\text{-}16)$$

式中　f——单色光频率；
　　　c——光束；
　　　v——运动物体的速度。

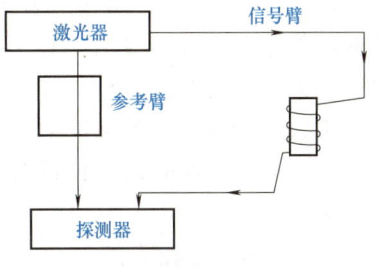

图 6-18　相位调制原理示意图

将此频率的光与参考光共同作用于光探测器上，并产生差拍，经频谱分析器处理求出频率变化，即可推知速度。

4. 时分调制

利用外界因素调制返回信号的基带频谱，通过检测基带的延迟时间、幅度大小的变化，来测量各种物理量的大小和空间分布的方法。

5. 偏振调制

外界因素作用下，使光的某一方向振动比其他方向占优势，这种调制方式为偏振调制。

6.2.3　光纤传感器应用举例

1. 光纤激光耦合式料位检测应用

在某个料仓物位监控系统中，需要测量料仓内物料高度。要求设计一个物位测量系统。根据工作原理可将激光测距分为相位差法与时差法两种。时差法是通过光束在待测距离上往返传播时间来计算距离的，采用这种原理的脉冲型激光测距仪一般用于大范围测量，如飞机测量其前方目标的距离，但测量精度一般较低。工作过程：测量激光射向目标物，获取经目标反射回激光发生器位置处的时间 t，目标的距离为：$D = ct/2$（c 为激光传播速度）。

相位差法激光测距原理如图 6-19 所示。将激光的光强进行正弦调制并通过光学系统发射出去，光信号经被测目标反射后由激光探测器接收并放大，接收到的光信号的相位与参考信号即当前正在发送的信号的相位会产生相位差 $\Delta \phi$。通过测定参考信号与经被测目标反射后的信号的相位差，便可以间接求得往返时间 t，而激光在同一介质中传播速度是确定的常数，从而可以得到待测距离 D，即：

$$D = \frac{1}{2}ct = \frac{1}{2}c\frac{\Delta\phi}{2\pi f} = \frac{\lambda \Delta\phi}{4\pi} \quad (6\text{-}17)$$

式中　$\Delta\phi$——光信号往返测距系统与目标一次所产生的相位差；
　　　f——激光光强调制信号的频率（Hz）；
　　　c——激光传播速度（m/s）；
　　　$\lambda = c/f$——激光的波长。

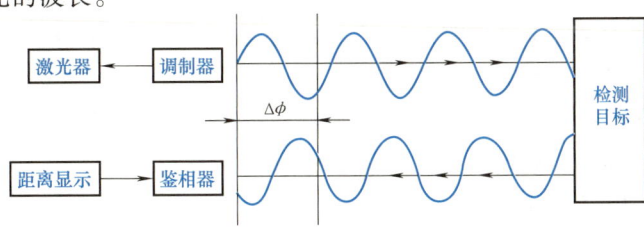

图 6-19　相位差法激光测距原理

传感器与检测技术

根据式（6-17），将相位差激光测距法及光纤传光特性结合，即可构成光纤激光耦合式料位传感器。传感器的工作原理如图 6-20 所示，两条光纤分别用于激光发射与接收，通过透镜将发射激光耦合入发射光纤，激光顺着光纤传导至另一端由准直透镜准直后发射出去，激光经被测目标反射后由接收透镜会聚后耦合入接收光纤并传递到激光测距传感器。光纤连接器是用来连接两段光纤的可拆装的接口装置。这里光纤只起传导激光的作用。

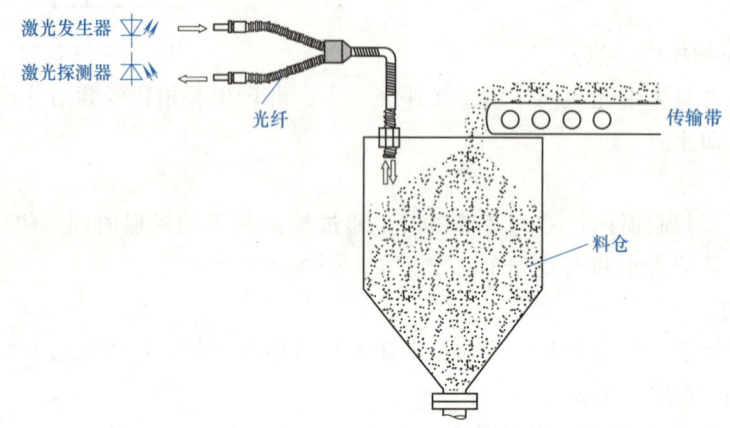

图 6-20　光纤激光耦合式料位检测示意图

2. 光纤料位检测在搬运机器人系统中的应用

搬运机器人是可以进行自动化搬运作业的工业机器人。最早的搬运机器人出现在 1960 年的美国。搬运作业一般指的是一种设备握持工件，从一个加工位置移动到另一个加工位置的过程，如采用工业机器人来完成这个任务，整个搬运系统则构成了工业机器人搬运工作站。目前世界上使用的搬运机器人超 10 万台，被广泛应用在机床上下料、冲压机自动化生产线、自动装配流水线、码垛搬运集装箱等自动搬运应用中。

图 6-21 光纤料位检测传感器一般应用在仓库管理中，应用反射式光纤传感器检测仓库是否有料或是否满仓，进而控制搬运机器人是否还向仓库中搬运工件或者是否从仓库中取走物料等。

图 6-21　光纤料位检测在搬运机器人系统中的应用

光纤检测传感器主要选型参数有：
1) 输出方式：NPN、PNP；
2) 连接方式：导线引出式；
3) 光源：红色发光二极管；
4) 供电电压：DC12～24V；
5) 检测距离：10mm、20mm 等。

第 6 章　液位、流量传感器

3. 光纤传导焊接机机器人系统

图 6-22 光纤传导焊接机机器人是将高能激光束耦合进入光纤，远距离传输后，通过准直镜准直为平行光，再聚焦于工件上实施焊接的一种激光焊接设备。对焊接难以接近的部位，施行柔性传输非接触焊接，具有更大的灵活性。光纤传输激光焊接机激光束可实现时间和能量上的分光，能进行多光束同时加工，为更精密的焊接提供了条件。光纤传输焊接机具有光束质量好、光斑细、安装灵活等优点，适用于光通信器件、IT、医疗、电子、电池、光纤耦合器件、显像管电子枪、金属零件、手机振动马达、钟表精密零件、汽车钢片等的精密焊接。

图 6-22　光纤传导焊接机机器人系统

6.3　差压式流量计

差压式流量传感器按其检测件的作用原理可分为：节流式、水利阻力式、动压头式、离心式等几大类，如图 6-23、图 6-24 所示，其中节流式历史悠久，技术成熟，结构简单，因对流体的种类、温度、压力限制较少，在流量测量方面得到广泛应用。下面主要介绍节流式流量传感器测量原理。

图 6-23　节流式流量计

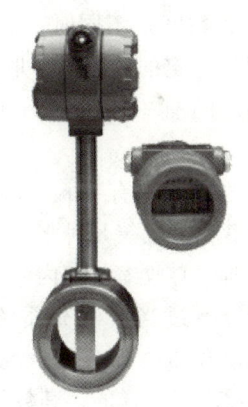
图 6-24　电应力式流量计

6.3.1　流量的测量方法

生产过程中各种流体的性质不同，流体的工作状态及流体的黏度、腐蚀性、导电性也不同，很难用一种原理或方法测量不同流体的流量。尤其工业生产过程情况复杂，某些场合的流体是高温、高压；有些是气液两相或液固两相的混合流体。所以目前流量测量的方法很多，测量原理和流量传感器（或称流量计）也各不相同，从测量方法上一般可分为以下三大类。

1. 速度式

速度式流量传感器大多是通过测量流体在管路内已知截面流过的流速大小来实现流量测

量的。它是利用管道中流量敏感元件（如孔板、转子、涡轮、靶子、非线性物体等）把流体的流速变换成压差、位移、转速、冲力、频率等对应的信号来间接测量流量的。差压式、转子式、涡轮式、电磁式、旋涡式和超声波等流量传感器都属于此类。

2. 容积式

容积式流量传感器是根据已知容器的容室在单位时间内所排出流体的次数来测量流体的瞬时流量和总量的。常用的有椭圆齿轮、旋转活塞式和刮板等流量传感器。

3. 质量式

质量流量传感器有两种，一种是根据质量流量与体积流量的关系，测出体积流量再乘被测流体的密度获得质量流量测量的间接式质量流量传感器，如工程上常用的采取温度、压力自动补偿的补偿式质量流量传感器；另一种是直接测量流体质量流量的直接式质量流量传感器，如热式、惯性力式、动量矩式等质量流量传感器。直接法测量具有不受流体的压力、温度、黏度等变化影响的优点，是目前正在发展中的一种质量流量传感器。

6.3.2 差压计的工作原理

差压式流量计是根据安装于管道中的节流件产生的差压、已知的流体条件和检测件及管道的几何尺寸来测量流量的仪表。其基本原理是：充满管道的流体，当它流经管道内的节流件时，流速将在节流件处形成局部收缩，因而流速增加，静压力降低，于是在节流件前后便产生了压差，如图 6-25 所示。

流体流量越大，产生的压差越大，这样可依据压差来测量流量的大小。这种测量方法是以流动连续性方程（质量守恒定律）和伯努利方程（能量守恒定律）为基础的。压差的大小不仅与流量有关，还与其他许多因素有关。例如，当节流装置形式或管道内流体的物理性质（密度、黏度）不同时，在同样大小的流量下产生的压差也是不同的。实践证明，对于形状和尺寸一定的节流件，取压位置、前后直管段及流体参数一定情况下，节流件前后的差压和流量之间有一定的函数关系。因此可以利用节流件前后差压实现管道中流体流量的测量。

常见的节流件有孔板、喷嘴、文丘里管、文丘里喷嘴和内锥等几种形式。前面几种节流件流体是向中心收缩，而内锥流量计流体是向管壁收缩。不过当被测介质流过各种节流件时，其流速和压力分布的情况虽然不尽相同，但其测量原理是一样的，其数学关系为：

$$Q_m = \frac{C\varepsilon}{\sqrt{1-\beta^4}} \times \frac{\pi}{4}\beta^2 D^2 \sqrt{2\Delta P \rho_A}$$

(6-18)

式中　Q_m——流体的质量流量（kg/s）；

ε——被测介质的可膨胀性系数，对于不可压缩流体 $\varepsilon=1$ 对气体、蒸汽等可压缩流体 $\varepsilon<1$；

ΔP——节流件前后的静压差（Pa）；

ρ_A——工作状况下节流件（前）上游

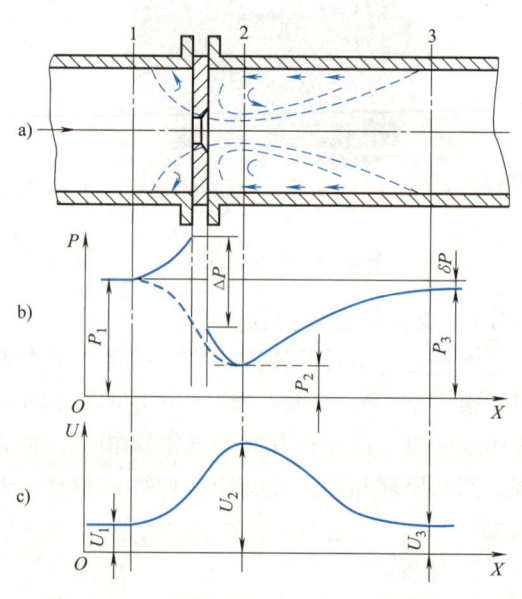

图 6-25　孔板附近的压力和流速分布

处流体的密度（kg/m³）；

C——流出系数。

β 为节流比——最小流通面积与管道流通面积的开方比。对文丘里管和孔板来说，其为最小流通面积处截面圆直径与管径的比值，即 d/D；对于 V 形内锥式差压流量计来说，其实际为等效直径比：

$$\beta = \sqrt{\frac{\frac{\pi}{4}D^2 - \frac{\pi}{4}d^2}{\frac{\pi}{4}D^2}} = \frac{\sqrt{D^2 - d^2}}{D} = \sqrt{\frac{S_B}{S_A}} \tag{6-19}$$

对于结构一定的差压式流量计，其管径、节流比都是固定已知的，要获得管道中真实的流量，就必须有准确的流出系数 C 和可膨胀系数 ε，因此流出系数 C 和可膨胀系数 ε 是差压式流量计两个至关重要的参数。

6.4 超声波传感器

超声波是一种机械波。物体在某一平衡位置附近做往复周期性的运动称为机械振动，振动的传播过程称为波动，波动分为机械波和电磁波两大类，其中机械波是机械振动在介质中的传播过程。

机械波主要参数有波长、频率和波速。波长通常用 λ 表示，它指的是同一波线上相邻两振动相位相同的质点间的距离，波源或介质中任意一个质点完成一次全振动，波正好前进一个波长的距离，常用单位为米（m）；频率 f，它是波动过程中任一给定点在 1s 内所通过的完整波的个数，常用单位为赫兹（Hz）；波速 v 表示波动中波在单位时间内所传播的距离，常用单位为米/秒（m/s）。

由上述定义可得：$v = \lambda f$，即波长与波速成正比，与频率成反比。当频率一定时，波速越大，波长就越长；当波速一定时，频率越低，波长就越长。

人类耳朵能听到的声音是一种机械波，其频率在 20Hz～20kHz 的范围内。频率低于 20Hz 的机械波称为次声波，频率高于 20kHz 的机械波称为超声波。次声波、声波和超声波都是在弹性介质中传播的机械波，在同一介质中的传播速度相同，它们的区别主要在于频率不同。常用的超声波频率在几十千赫兹至几十兆赫兹的范围内。

如图 6-26 是常用的超声波模块，图 6-27 是超声波探伤仪。

图 6-26　超声波模块

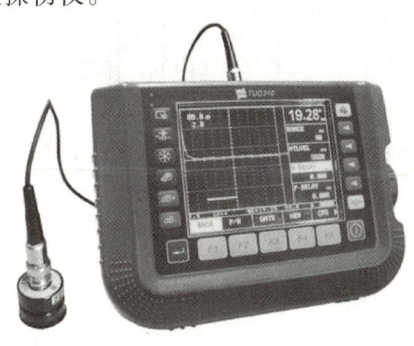

图 6-27　超声波探伤

6.4.1 超声波传感器的原理与结构

超声波穿透性较强,具有一定的方向性,传输过程中衰减较小,反射能力较强,因此得到了广泛应用。超声波传感器是实现声、电转换的装置,又称超声换能器或超声波探头。这种装置能够发射超声波和接收超声波回波,并将其转换成相应的电信号。

按工作原理的不同,超声波传感器可分为压电式、磁致伸缩式、电磁式等。实际使用中以压电式最为常见。下面主要介绍压电式探头,它主要由压电晶片、吸收块(阻尼块)、保护膜等组成。

1. 工作原理

由压电式传感器可知,在面积为 A 的压电片上加应力 σ 后,两电极表面产生正比于 σ 的电荷 $+q$ 和 $-q$,则有:

$$\frac{q}{A} = d\sigma \tag{6-20}$$

式中 d——压电率,依赖于材料种类及压电片的方位、应力的种类。

压电式超声波传感器常用的材料是压电晶体和压电陶瓷,这种传感器统称为压电式超声波传感器。它是利用压电材料的压电效应来工作,即逆压电效应将高频电振动转换成高频机械振动,从而产生超声波,作用于发射探头;而利用正压电效应,将超声振动波转换成电信号,可作用于接收探头。

2. 典型结构

压电型超声波传感器根据其应用目的的不同而具有不同的结构形式。下面主要介绍两种常用的超声波传感器结构。

(1) 纵波探头

纵波探头用于发射和接收纵波,其结构如图6-28所示。它主要是由保护膜、压电晶片、吸收块(阻尼块)、外壳、电器接插件等组成。其中,保护膜的作用主要是用于防止晶片磨损、碰坏,一般采用耐磨性较好的软质材料(如橡胶和塑料)和硬质材料(如不锈钢、刚玉或环氧树脂浇铸)。保护膜应使声能穿透率大,并应考虑压电晶片、保护膜和工件之间声阻抗匹配(若将压电晶片、保护膜和工件的声阻抗分别表示为 $\rho_1 C_1$、$\rho_2 C_2$、$\rho_3 C_3$,则三者之间应满足 $\rho_2 C_2 = \sqrt{\rho_1 C_1 \rho_3 C_3}$,且保护膜厚度为四分之一波长奇数倍时,其透射系数为1,使压电振子所辐射的超声能,全部进入工件。吸收块作用是吸收压电振子背向辐射声能,降

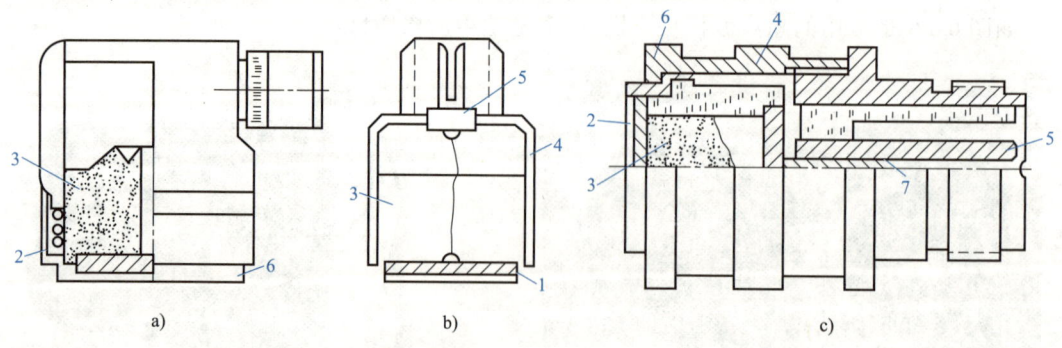

图 6-28 纵波探头的结构形式

1—保护膜 2—晶片 3—阻尼块 4—外壳 5—电极 6—接地金属环 7—导线

低晶片的品质因数。因此，为使来自压电振子的超声波全部透入其中，吸收块的声阻抗应与压电体的声阻抗接近，且应具有较大的衰减能力，使已进入吸收块的超声波不反映回振子中去，通常采用高衰减的复合材料制作吸收块。

探头的机械品质因数 Q_p，越大损耗越小，负载与背衬材料的声阻抗越大；Q_p 越小，发射声能效率越低。探头的 Q_p 与晶片的 Q_m 有关，Q_m 小，制作的探头 Q_p 值也小。

（2）横波探头

横波探头用于发射和接收横波，主要利用波形转换现象而制作的，其结构如图 6-29 所示。通常是由压电晶片、声陷阱、透声楔、吸收块、外壳、电器接插件等组成。因压电晶片产生的是纵波，当入射到工件表面上时，要在工件中折射横波，由前面所介绍的波形转换可知，晶片应倾斜放置，由此将有一部分声能在透声楔边界上反射后，再经过探头内的多次反射，返回到晶片被接收，从而加大发射脉冲的宽度，形成固定的干扰杂波。为此在探头中增设有声陷阱，主要用于吸收反射声能，具体可采用在透声楔某部位打孔、开槽、贴吸声材料等办法来制作声陷阱。横波探头的晶片是粘贴在透声楔上的，晶片多用方形，透声楔多用有机玻璃。

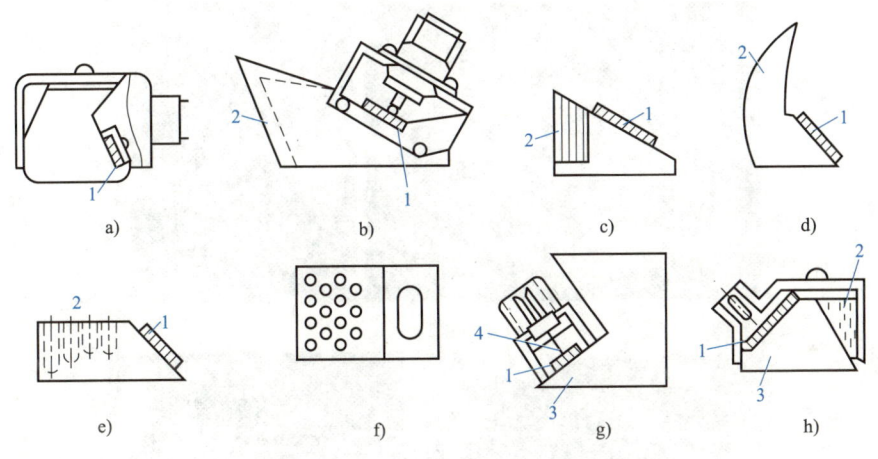

图 6-29 横波探头的结构形式

1—压电晶片 2—声陷阱 3—透声楔 4—阻尼块

探头的入射角和频率应根据理论计算确定，透声楔的尺寸和形状应使反射的声波不致返回到晶片上。为此，不同折射角的探头，透声楔的尺寸和形状应当不同。

6.4.2 超声波的特性

（1）方向性好

超声波像光波一样具有良好的方向性，可以定向发射，易于发现被检材料中的缺陷。

（2）能量高

由于能量（声强）与频率平方成正比，因此超声波的能量远大于一般声波的能量。

（3）能在界面上产生反射、折射和波形转换

超声波具有几何声学上的一些特点，如在介质中直线传播，遇界面或杂质会形成反射、折射，碰到活动物体会产生多普勒效应等。

（4）穿透能力强

超声波在大多数介质中传播时传播能量损失小，传播距离大，穿透能力强。在一些固体

材料中其穿透能力可达数米甚至数十米。

利用超声波的上述特性可做成各种超声波传感器，再配上不同的电子电路，就可以做成各种超声波测量仪器及装置，并已在工业、国防、医学和日常生活等各方面得到了广泛应用。

6.4.3 超声波传感器应用举例

1. 超声波在工业机器人无损检测系统中的应用

据了解，超声、涡流、射线尤其是数字射线实时成像技术，利用机器人操作以及智能系统评定无损检测结果，目前是风生水起，大有势不可挡之趋势，或称之为无损检测4.0时代。

图6-30是一个机器人相控阵C扫描水浸超声自动检测系统。其中超声传感器作为工业机器人的尾部传感器，利用超声相控技术进行复杂形状工件检测及3D模拟成像，该系统主要应用于航空复合材料部件、厚壁管奥氏体焊缝接头、大型铸件等工件扫描与探伤作业。

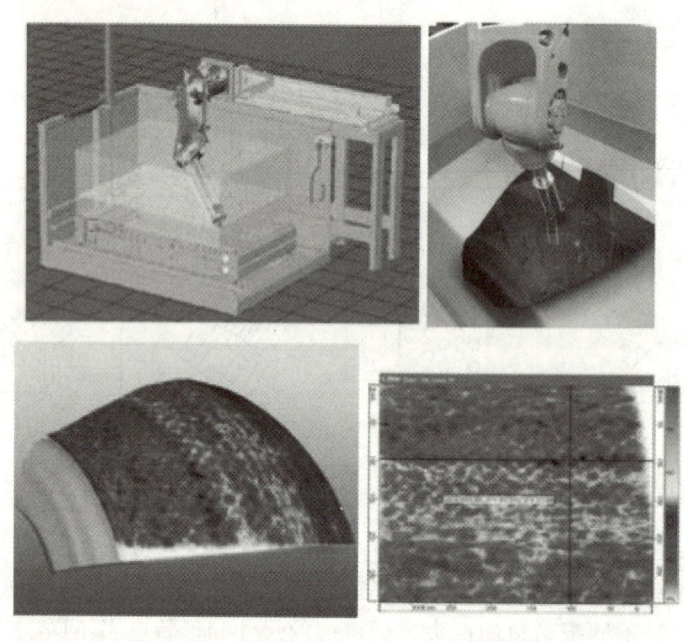

图6-30 机器人相控阵C扫描水浸超声自动检测系统

超声波探伤仪的主要参数：

（1）灵敏度

超声波探伤中灵敏度一般是指整个探伤系统（仪器和探头）发现最小缺陷的能力。发现缺陷越小，灵敏度就越高。

仪器的探头的灵敏度常用灵敏度余量来衡量。灵敏度余量是指仪器最大输出时（增益、发射强度最大，衰减和抑制为0），使规定反射体回波达基准高所需衰减的衰减总量。灵敏度余量大，说明仪器与探头的灵敏度高。灵敏度余量与仪器和探头的综合性能有关，因此又叫仪器与探头的综合灵敏度。

第6章 液位、流量传感器

（2）盲区与始脉冲宽度

盲区是指从探测面到能够发现缺陷的最小距离。盲区内的缺陷一概不能发现。

始脉冲宽度是指在一定的灵敏度下，屏幕上高度超过垂直幅度20%时的始脉冲延续长度。始脉冲宽度与灵敏度有关，灵敏度高，始脉冲宽度大。

（3）分辨力

仪器与探头的分辨力是指在屏幕上区分相邻两缺陷的能力。能区分的相邻两缺陷的距离越小，分辨力就越高。

（4）信噪比

信噪比是指屏幕上有用的最小缺陷信号幅度与无用的噪声杂波幅度之比。信噪比高，杂波少，对探伤有利。信噪比太低，容易引起漏检或误判，严重时甚至无法进行探伤。

2. 超声波在机器人避障检测中的应用

超声波测距传感器是一种很常见的测距传感器，依靠超声波的发射与反射接收中的时间差来判断距离，这和动物界的蝙蝠是一样的，算是仿生学的一项应用。图6-31所示是超声波在机器人避障检测中的应用。

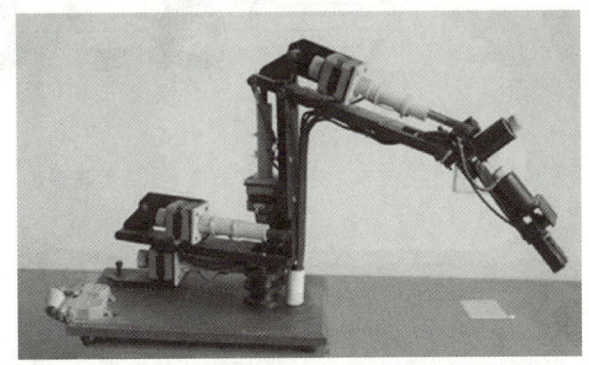

图6-31　超声波在机器人避障检测中的应用

超声波测距的优点在于测量范围较大且不使用光学信号，所以被测物体的颜色对于测量结果没有影响，但其成本较高。由于它依靠声速测距，所以对于一些影响声速的因素较敏感，比如温度、风速等，而且最大允许角度较小。超声波避障实现方便、技术成熟、成本低，成为机器人常用的避障方法，但是单超声波避障存在由于超声波的方向性不好，造成对障碍物的定位不准确，存在探测盲区等缺点。

超声波测距传感器主要参数有：

1）工作电压：+5V；

2）工作电流：<20mA；

3）工作频率：40kHz；

4）工作温度范围：-10~70℃；

5）探测有效距离：1~500cm；

6）探测分辨率：0.5cm；

7）探测误差：±0.5%；

8）灵敏度：大于1.8m外可以探测到直径2cm物体；

9）接口类型：TTL（单线模式和双线模式可切换）；

10）方向性侦测范围：定向式（水平/垂直）65°圆锥。

3. 超声波在倒车雷达系统中的应用

倒车雷达就相当于超声波探头。从整体上来说超声波探头可以分为两大类：一是用电气方式产生超声波，其二是用机械方式产生超声波。鉴于目前较为常用的是压电式超声波发生器，它有两个压电晶片和一个共振板，当两极外加脉冲信号，它的频率等于压电晶片的固有振荡频率时，压电晶片将会发生共振，并带动共振板振动，将机械的能转为电信号的这一过程，这就成了超声波探头的工作原理。为了更好地研究超声波和利用起来，人们已经设计和制造出很多超声波发声器，超声波探头加以运用在使用汽车倒车雷达上，如图 6-32 所示。

图 6-32 超声波在倒车雷达系统中的应用

本 章 小 结

本章主要介绍了用做液位测量用的电容式传感器、光纤传感器的工作原理及应用；同时介绍了用于流量测量的差压计、超声波传感器的工作原理及应用。

电容式传感器的原理是 $C = \varepsilon A/d$，主要类型有改变两极板间距 d 型、改变极板间覆盖面积 S 型、改变极板介质 ε 型。主要优点是能检测百分之几微米数量级的微位移值、能量低、动态响应快、灵敏度高、不怕高温。缺点是输出特性非线性、泄露电容引起误差。应用于位移、振动、角度、加速度、压力、压差、液面、成分含量等方面的测量。

光纤传感器的原理是当入射角 θ_1 大于临界角时，光线就不会透过其界面而全部反射到光密介质内部，即发生全反射。主要类型有传光型和传感型，其中传光型有光纤传输回路型和光纤探头型，传感型有干涉型、非干涉型、光电混合型。优点有抗电磁干扰强、灵敏度高、重量轻、体积小、柔软。用于位移、速度、加速度、液体、压力、流量、振动、水声、温度、电压、电流、磁场、核辐射、应变、荧光、pH 值、DVA 生物等。

流量的测量方法：速度法、容积法和质量法。差压计的测量原理：$Q_m = \dfrac{C_\varepsilon}{\sqrt{1-\beta^4}} \times \dfrac{\pi}{4} \beta^2 D^2 \sqrt{2\Delta P \rho_A}$。

超声波传感器的原理是利用声波在声场中的物理特性和效应。主要类型有压电式、磁致伸缩式、电磁式。优点是方向性好、能量高、能在界面上产生反射、折射和波形转换、穿透能力强。用途是声探测、超声焊接、超声医疗、液位、超声检测等。

思 考 题

1. 电容式传感器有哪些类型？有何优缺点？

第 6 章　液位、流量传感器

2. 电容式传感器的测量电路主要有哪几种？各有什么特点？
3. 光纤传感器按调制类型主要分哪几类？
4. 光纤传感器的传光原理是什么？
5. 流量的测量方法主要有哪几类？
6. 超声波传感器主要有哪些用途？
7. 超声波流量计有哪几类？

第7章 图像传感器

视觉获取的信息占人类所能获取的信息总量的80%以上，作为视觉系统的延伸，图像检测在工业、农业及日常生活发挥出越来越重要的作用。

图像检测采用图像传感器将被检测的目标转换成图像信号，传送给专用的图像处理系统，根据像素分布和亮度、颜色等信息，转变成数字化信号，图像处理系统对这些信号进行各种运算来抽取目标的特征，如面积、数量、位置、长度，再根据预设的允许度和其他条件输出结果，包括尺寸、角度、个数、合格/不合格、有/无等，实现自动识别功能。

图像检测一般包含光源部分、光学部分、光电转换（图像传感器）及扫描部分。光源部分用于从被测物体得到光学信息时的照明，当环境光线较弱时启用，可用钨丝灯、闪光灯；光学部分由透镜组、滤光片组成，具有调节视场、聚焦或抽取有用信息的功能；光电转换部分用于将光学信息转换成电信号，是图像检测的传感单元；扫描部分则是将二维图像的电信号转换为时间序列的一维信号，便于图像信息的处理、储存及描述。

图像检测系统按功能可划分为图像输入（图像检测）、图像处理及图像输出（如图7-1所示）。

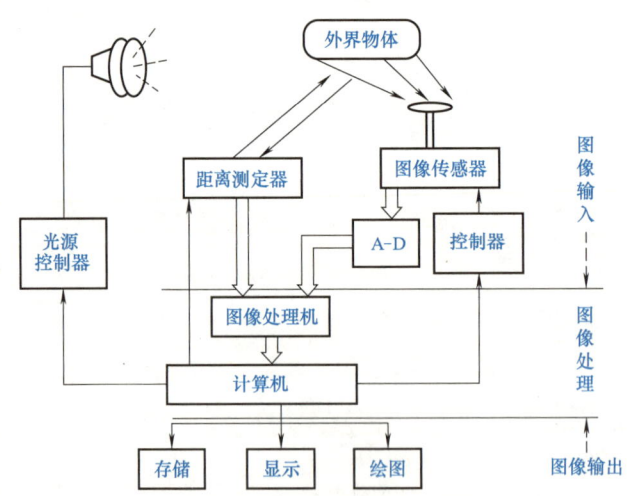

图7-1　图像检测系统的硬件组成

图像传感器，是一种将光学图像转换成电子信号的设备，它被广泛地应用在数码相机、摄像机和其他电子光学设备中。早期的图像传感器采用模拟信号，如光电摄像管。目前，常用的图像传感器有光电式摄像管、固态图像传感器、激光图像传感器、红外图像传感器等，

第 7 章　图像传感器

其中固态图像传感器应用最为广泛。本章着重介绍固态图像传感器 CCD 及 CMOS 的工作原理及应用。

7.1　CCD 图像传感器

CCD 图像传感器由电荷耦合器件（Charge Coupled Device，CCD）制成，是固态图像传感器的一种，它是在 MOS 集成电路的基础上发展起来的，能进行图像信息光电转换、存储、延时和按顺序传送，能给出直观真实、多层次的内容丰富的可视图像信息。它的集成度高，功耗小、结构简单、耐冲击、寿命长、性能稳定，因而被广泛应用于军事、天文、医疗、广播、电视、传真、通信、工业检测和自动控制等领域。

CCD 电荷耦合器件是按一定规律排列的 MOS（金属——氧化物——半导体）电容器组成的阵列，其构造如图 7-2 所示。在 P 型或 N 型硅衬底上生长一层很薄的二氧化硅，再在二氧化硅薄层上依次沉积金属或掺杂多晶硅形成电极，称为栅极。该栅极和 P 型或 N 型硅衬垫就形成了规则的 MOS 电容器阵列，再加上两端的输入及输出二极管就构成了 CCD 电荷耦合器件芯片。

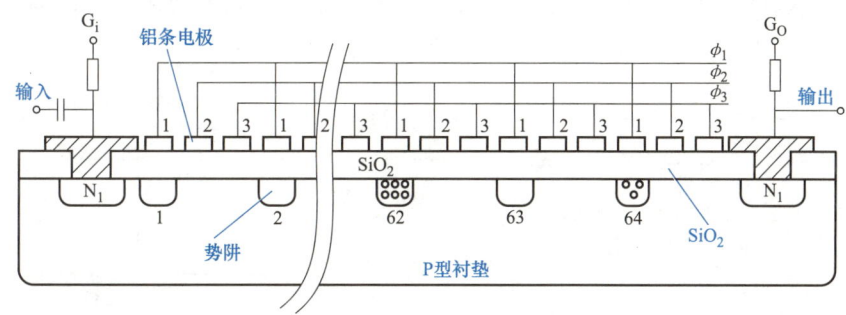

图 7-2　CCD 电极的基本构成

7.1.1　CCD 器件

CCD 有线阵型和面阵型两种（图 7-3）。如果一个个的 MOS 电容器可以被设计排列成一条直线，称为线阵；也可以排列成二维平面，称为面阵。一维的线阵接收一条光线的照射，

a) 线阵 CCD

b) 面阵 CCD

图 7-3　CCD 图像传感器分类

二维的面阵接收一个平面的光线的照射。线阵型 CCD 常用于扫描仪、传真机等设备。CCD 摄像机、照相机就是通过透镜把外界的景像投射到二维 MOS 电容器面阵上，产生 MOS 电容器面阵的光电转换和记忆。

7.1.2　CCD 的基本工作原理

一个完整的 CCD 器件由光敏元、转移栅、移位寄存器及一些辅助输入、输出电路组成。CCD 工作时，在设定的积分时间内，光敏元对光信号进行取样，将光的强弱转换为各光敏元的电荷量。取样结束后，各光敏元的电荷在转移栅信号驱动下，转移到 CCD 内部的移位寄存器相应单元中。移位寄存器在驱动时钟的作用下，将信号电荷顺次转移到输出端。输出信号可接到示波器、图像显示器或其他信号存储、处理设备中，可对信号再现或进行存储处理。

CCD 由感光阵列构成，如何获取每一感光单元的信息至关重要。下面以简单的三相 CCD（图 7-2）为例加以说明：三个相邻电极 ϕ_1、ϕ_2、ϕ_3，每一级也叫一个像元，每隔两个电极的所有电极（如 1、4、7…，2、5、8…，3、6、9…）都接在一起，由 3 个相位相差 120°的时钟脉冲 ϕ_1、ϕ_2、ϕ_3 来驱动，故称三相 CCD。

图 7-4a 给出了三相时钟之间的变化，在时刻 t_1，第一相时钟 ϕ_1 处于高电压，ϕ_2、ϕ_3 处于低电压，这时第一组电极 1、4、7…下面形成深势阱，在这些势阱中可以储存信号电荷形成"电荷包"，2、5、8…，3、6、9…未形成势阱，如图 7-4b 所示。

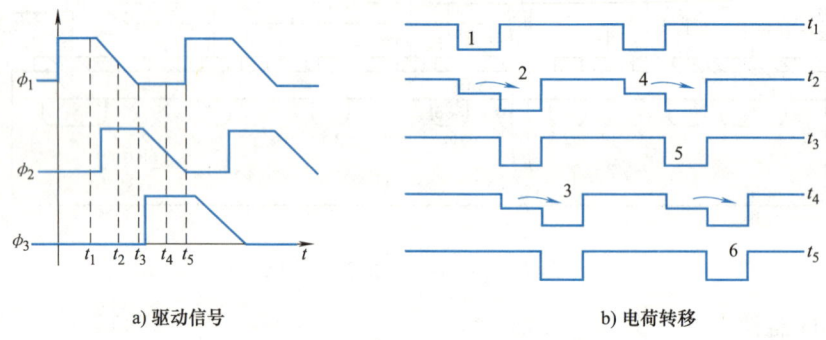

a) 驱动信号　　　　　　　　　　b) 电荷转移

图 7-4　三相 CCD 驱动和转移示意图

随后，在 t_2 时刻，ϕ_1 线性减少，ϕ_2 为高电压，ϕ_3 仍为低电压，在第一组电极下的势阱变浅，而第二组（2、5、8…）电极下形成深势阱，信息电荷从第一组电极下面向第二组转移。直到 t_3 时刻，ϕ_2 为高电压，ϕ_1、ϕ_3 为低电压，信息电荷全部转移到第二组电极下面。

重复上述类似过程，信息电荷可从 ϕ_2 转移到 ϕ_3。如此通过脉冲电压的变化，在半导体表面形成不同储存电子的势阱，使电荷自左向右作定向运动，一直到电荷包直接传输输出。由于传输过程中继续的光照会产生电荷，使信号电荷发生重叠，在显示器中出现模糊现象。因此在 CCD 摄像器件中有必要把摄像区和传输区分开，并且在时间上保证信号电荷从摄像区转移到传输区的时间远小于摄像时间。

上述 CCD 电荷转移过程也可用虹吸雨量收集作形象的类比。用雨滴表示光学图像中的光子，小盆表示传感器像元，盆深度表示像元容纳的电荷，虹吸泵表示 CCD 的移位寄存器，雨量筒表示 CCD 的输出放大器。则电荷的转移过程与图 7-5 所示雨量收集方法一致：光敏元在光子的作用下产生电荷，类似每个小盆接收到相应的雨水（图7-5a）；电荷的逐行转移则等同雨水的逐行收集，图7-5b所示为一行雨水收集后的情形；所有电荷被移出，准备下次图像采集，类同雨水的一次收集完成，等待下次雨水收集（图7-5c）。

图7-5 雨水收集模型

7.1.3 色彩信息的获取

CCD芯片按比例将一定数目的光子转换为一定数目的电子，但光子的波长，也就是光线的颜色，却没有在这一过程中被转换为任何形式的电信号，因此CCD实际上是无法区分颜色的，即CCD实际获取的是灰度图像。

为获取彩色图像，一种简便的方法是采用分光棱镜和3个CCD器件，如图7-6所示。棱镜将光线中的红、绿、蓝三个基本色分开，使其分别投射在一个CCD上，这样一来，每个CCD就只对一种基本色分量感光。这种解决方案在实际应用中的效果非常好，但它的最大缺点就在于，采用3个CCD+棱镜的搭配必然导致结构复杂，价格昂贵。

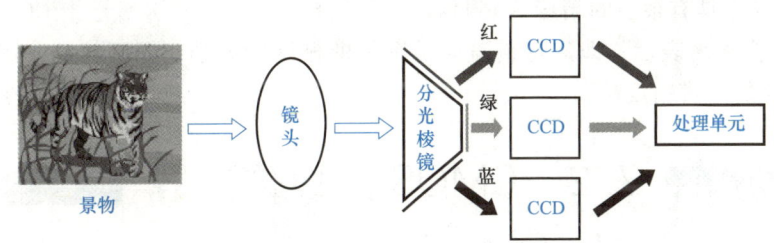

图7-6 3个CCD彩色成像原理图

另一种方式是采用单一CCD器件，将马赛克滤光片（也称拜尔滤镜，Bayer filter）加装在CCD上。每四个像素形成一个单元，一个过滤红色、一个过滤蓝色，两个过滤绿色（因为人眼对绿色比较敏感）。每个像素都接收到感光信号，但色彩分辨率不如感光分辨率。采用每四个感光单元为一组，分别获取G、B、R、G光度信号并合成为一个像素点色彩信息。如图7-7所示。图7-8为采用拜尔滤光片CCD结构示意图。

7.1.4 CCD图像传感器的基本参数

1. 光谱灵敏度

CCD的光谱灵敏度取决于量子效率、波长、积分时间等参数。量子效率表征CCD芯片对不同波长光信号的光电转换能力。不同工艺制成的CCD芯片，其量子效率不同。灵敏度

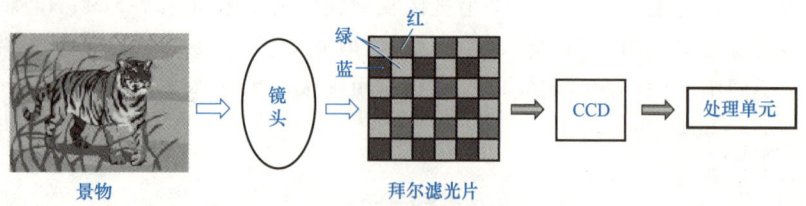

图 7-7 单 CCD 彩色成像原理图

还与光照方式有关,背照 CCD 的量子效率高,光谱相应曲线无起伏;正照 CCD 由于反射和吸收损失,光谱相应曲线上存在若干个峰和谷。

2. 动态范围

表征同一幅图像中最强但未饱和的点与最弱点强度的比值。数字图像一般用 DN 表示。

3. 非均匀性

CCD 芯片全部像素对同一波长、同一强度信号响应能力的不一致性。

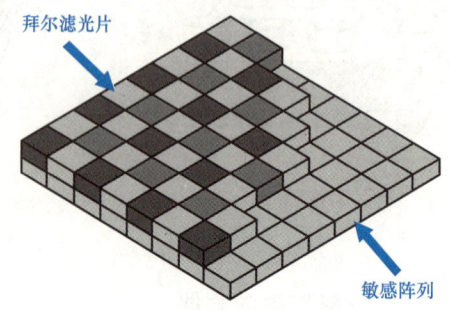

图 7-8 单 CCD 彩色图像传感器结构

4. 非线性度

CCD 芯片对于同一波长的输入信号,其输出信号强度与输入信号强度比例变化的不一致性。

5. 分辨率

包括灰度值分辨率和空间分辨率。灰度值分辨率是利用图像多级亮度来表示分辨率的方法,机器能分辨给定点的测量光强度,所需光强度越小则灰度值分辨率就越高,一般采用 256 级灰度值,它具有很强的精确区别目标特征的能力。空间分辨率是指 CCD 分辨精度的能力,通常用像素来表示,即规定覆盖原始图像的栅网的大小,栅网越细,网点和像素越高,说明 CCD 的分辨精度越高。

7.2 CMOS 图像传感器

20 世纪 70 年代初期,人们针对 CCD 的不足,另外开发了几种全新固态图像传感器,其中采用标准 CMOS(Complementary Metal-Oxide Semiconductor,互补金属氧化物半导体)制造工艺制造的 CMOS 图像传感器是最有发展潜力的。与 CCD(电荷耦合器件)图像传感器相比,其优点是功耗小、成本低、速度快,但由于受到早期制造工艺技术水平的限制,CMOS 图像传感器分辨率低、噪声大、光照灵敏度弱、图像质量差,没有得到充分的重视和发展,而 CCD 器件因为光照灵敏度高等优点一直主宰着图像传感器市场。20 世纪 90 年代初期,随着超大规模集成电路制造技术的迅速发展,集成电路设计技术和工艺水平的提高,采用 CMOS 工艺可在单芯片内集成图像感应单元、信号处理单元、模拟数字转换器、信号处理电路等功能,大大减小了系统复杂度。CMOS 图像传感器过去存在的缺点,现在都在被有效地克服,而其固有的优点更是 CCD 器件无法比拟的,因而再次成为研究的热点,获得了迅速的发展,有着广阔的应用前景。

第 7 章 图像传感器

表 7-1 所示为 CMOS 图像传感器与 CCD 图像传感器的性能比较。

表 7-1 CMOS 图像传感器与 CCD 图像传感器的性能比较

类别	CMOS 图像传感器	CCD 图像传感器
灵敏度	高	高
信噪比	良	优
动态范围	小	大
最大帧频	1000fps（帧/秒）	30fps（帧/秒）
集成度	高	低
加工工艺	通用工艺	特殊工艺
电路结构	简单	复杂
模块体积	小	大
可靠性	高	低
成本	低	高

7.2.1 CMOS 图像传感器的组成

CMOS 图像传感器一般由光敏单元阵列（像元阵列）、行选通逻辑、列选通逻辑、定时和控制电路、片上模拟信号处理器构成（图 7-9a）。更高级的 CMOS 图像传感器还集成有片上 A-D 转换器，将光敏感光单元（光敏二极管）阵列、放大器、A-D 转换器、数字信号处理器、行阵列驱动器、列时序控制逻辑单元、数据总线输出接口以及控制接口等部分采用传统的芯片工艺方法集成在一块硅片板上。

图 7-9b 所示为在同一芯片上集成有模拟信号处理电路、I²C 控制接口、曝光及白平衡控制、视频时序产生电路、数字转换电路、行选择、列选择及放大和光敏单元阵列。芯片上的模拟信号处理电路主要执行相关双采样功能。芯片上的 A-D 转换器可以分为像素级、列级和芯片级几种情况，即每一个像素采用一个 A-D 转换器，每一个列像素共用一个 A-D 转换器，或者每一个感光阵列有一个 A-D 转换器。由于受芯片尺寸的限制，所以像素级的 A/D 转换器不易实现。CMOS 片内部提供了一系列控制寄存器，通过总线编程来对自增益、自

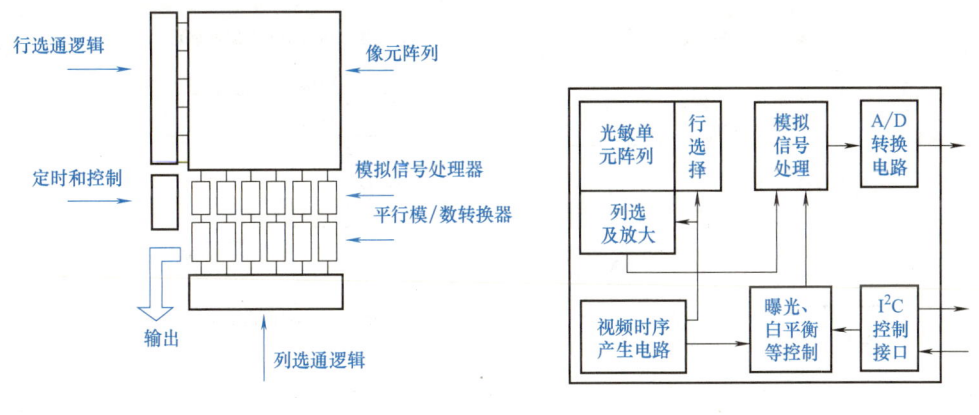

a) 常用CMOS图像传感器组成　　　　b) 带A/D的CMOS图像传感器组成

图 7-9 CMOS 图像传感器

动曝光、白色平衡、校正等功能进行控制，编程简单、控制灵活。直接输出的数字图像信号可以很方便地与后续处理电路接口，供数字信号处理器对其进行处理。

7.2.2 CMOS 图像传感器的像元结构

CMOS 图像传感器的每一个基本感光单元也称为像素单元（简称为像素或像元），主要是以 MOS 电容和 P-N 结光敏二极管组成，采用阵列式结构，有线型和面型之分。线型 CMOS 图像传感器主要用于扫描仪、分析仪等方面；面型 CMOS 图像传感器主要用于数码相机、摄像机、检测设备等方面，面型又分为单色和彩色两种类型。目前使用的绝大多数的数码相机、手机等摄像都采用的是单色的图像传感器。通过使用聚酰亚胺掩膜技术在传感器的每个感光单元上覆盖一层微小的 R、G 或是 B 彩色光学滤镜，只允许某波段的光线透过，在感光单元上产生相应强度的电荷量。这些电荷量代表该点颜色的色度和强度。

CMOS 图像传感器像素结构目前主要有无源像素图像传感器和有源像素图像传感器两种，如图 7-10 所示。由于无源像素图像传感器（图 7-10a）信噪比低、成像质量差，所以目前绝大多数 CMOS 图像传感器采用的是有源像素图像传感器结构。有源像素图像传感器结构的像素内部集成一个或多个放大器（有源器件），使信号在像素内就得到放大。有源像素图像传感器又可细分为光敏二极管型有源像素图像传感器、光栅型有源像素图像传感器及对数传输型有源像素图像传感器等。

图 7-10b 是光敏二极管型有源像素图像传感器中像素单元的一种典型结构。像素内包括了光敏二极管、输入管和行选通管，其中的放大器是由像素内的输入管及行列共用的选通管

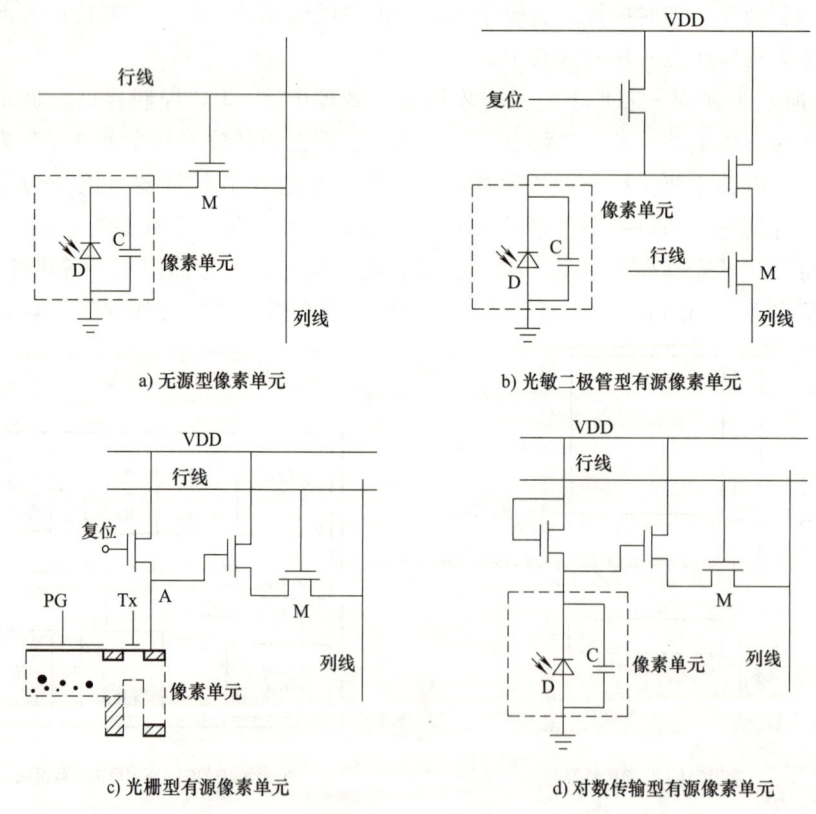

图 7-10 CMOS 图像传感器结构类型

M 组成的源级跟随放大器，这样电荷无需多次转移而直接输出，因此避免了所有与 CCD 电荷转移相关的缺陷；而且每个放大器仅在信号读出期间才被激发，所以功耗比 CCD 小。但是由于有源像素结构的像素内有三个晶体管和一个光敏二极管，因此会导致像素尺寸较大、填充系数小。

光栅型有源像素传感器（图7-10c）结合了 CCD 和 CMOS 图像传感器行列寻址的优点，光生信号电荷积分在光栅（PG）下，输出前，浮置扩散节点（A）复位（电压为VDD），然后改变光栅脉冲，收集在光栅下的信号电荷转移到扩散节点。复位电压与信号电压之差就是传感器的输出信号。

在有些情况下，希望传感器具有非线性输出。当光信号被压缩时，非线性输出可以增大内景动态范围。如平方根传输和对数传输。对数传输的像元输出信号与光信号的对数成比例。

对数传输型像元是非积分方式像元，它允许在时间和空间两方面都可以随机读出。图7-10d 为传统的三个晶体管对数像元结构，包括光敏二极管、负载晶体管、输入管及选通开关管。其优点在于动态范围高，缺点是填充因子低、图像有拖尾。

由于该放大器在像素内部具有放大和缓冲功能，具有良好的消噪功能，且电荷不需要像CCD 器件那样经过远距离移位到达输出放大器，因此避免了所有与电荷转移有关的 CCD 器件的缺陷。

7.2.3 像元电荷的存储及传输

虽然各型 CMOS 图像传感器结构上不尽相同，但其电荷存储和传输的工作方式却大致相同。其基本原理是：先将光敏二极管的 PN 结反向偏置到某一固定电压，然后断开，那么存储在光敏二极管电容上的电荷的衰减速度与入射光照度成比例；经过一定的积分时间后，读出二极管两端的电压；读出结束后，再通过开关使二极管两端恢复到原来的电压。具体如下：

1) 首先进入"复位状态"。这时打开行选通场效应管 M，电源向电容 C 充电至固定电压 U_r，光敏二极管 D 处于反向状态。

2) 然后进入"取样状态"。这时关闭场效应管 M，在光照下二极管产生光电流，使电容上存储的电荷放电，经过一个固定时间间隔后，电容 C 上存留的电荷量就与光照成正比例，这时就将一幅图像摄入到了敏感元件阵列之中。

3) 最后进入"读出状态"。再打开场效应管 M，逐个读取各像素中电容 C 上存储的电荷电压。

7.2.4 CMOS 图像传感器的工作流程

CMOS 图像传感器的功能很多，结构也很复杂。以图7-9b 为例，CMOS 图像传感器内部由光敏单元阵列、行、列开关，A-D 转换器、处理控制电路等多部分组成，这就需要有一个流程使诸多的组成部分按照一定的程序进行，以便协调各组成部分的工作。为了实施工作流程，还需设置时序脉冲，利用时序关系去控制各部分的运行顺序，用时钟信号的电平或者前后沿去适应各组成部分的电器性能。图7-11 所示为 CMOS 图像传感器的典型工作流程。

1) 初始化。初始化过程要设置器件的工作模式，如输出偏压、放大器的增益、取景器是否开通等，还要设定积分时间。

2) 帧读出。(YR) 移位寄存器的设置利用同步脉冲信号 SYNC-YR，可以将 YR 移位寄存器进行初始化。SYNC-YR 为行启动脉冲序列，在它的第一行启动脉冲来到之前，有一段消隐时间，在此期间要发送一个帧启动脉冲信号。

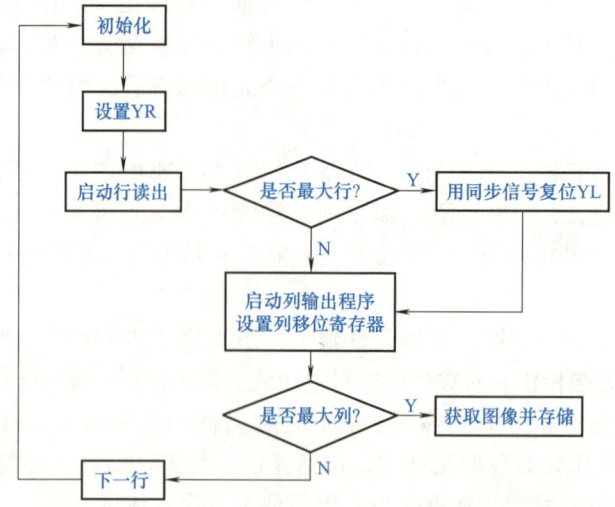

图 7-11　CMOS 图像传感器工作流程图

3）启动行读出。SYNC-YR 指令可以启动行读出，从第一行（Y = 0）开始，直到 Y = Y_{max} 最大行结束；Y_{max} 等于行的像素单元减去积分时间所占用的像素单元。

4）启动 X 移位寄存器。利用 SYNC-X 同步信号，触发 X 移位寄存器开始读数，从 X = 0 列起，到 X = X_{max} 最大列为止；X 移位寄存器存一幅图像信号。

5）信号采集。A/D 转换器对一幅图像信号进行 A/D 数据采集。

6）启动下一行读数。读完一行数据后，发送指令，接着进行下一行数据的读取。

7）复位。帧复位是由同步信号 SYNC-YL 控制的，从 SYNC-YL 开始至 SYNC-YR 出现的时间间隔便是曝光时间。为了不引起混乱，在读出信号之前要确定曝光时间。

8）输出放大器复位。用来消除上一个像素单元信号的影响，由脉冲信号 SIN 控制对输出放大器的复位。

9）信号采样/保持。为适应 A/D 转换器的工作，设置采样/保持脉冲信号，该信号由脉冲信号 SHY 控制。

实现上述工作流程需要一些同步脉冲信号的控制，这些脉冲信号按时序利用脉冲的上升沿（或下降沿）触发，确保 CMOS 图像传感器按照事先设定的流程工作。

7.2.5　CMOS 图像传感器的应用

近年来，CMOS 集成电路工艺技术的不断进步和完善，使 CMOS 图像传感器芯片获得了迅速的发展和广泛应用。CMOS 图像传感器具有集成度高、耗电量低、价格便宜等优势，目前在图像产品应用市场占重要的力量，以 PC 摄像头及数码手机相机为主。随着因特网及多媒体的蓬勃发展，CMOS 图像传感器在视频会议、图像电话、视频通信、手机、PDA、指纹识别器等产品中应用也日益广泛，这也是 CMOS 图像传感器的主要发展领域。

7.3　图像传感器的应用

7.3.1　扫描仪

扫描仪是一种计算机外部仪器设备，通过捕获图像并将之转换成计算机可以显示、编辑、存储和输出的数字化输入设备。扫描仪分为笔式、滚筒式及平面式三种。

平面扫描仪的工作原理如下：启动扫描仪时发出的强光照射在稿件上，没有被吸收的光线将被反射到光学感应器上。安装在扫描仪内部的可移动光源在步进电机带动下开始扫描原稿，线阵 CCD 接收到这些信号后，将这些信号传送到模数（A/D）转换器，模数转换器再将其转换成计算机能读取的信号，然后通过驱动程序转换成显示器上能看到的正确图像。为了均匀照亮稿件，扫描仪光源为长条形，并沿 y 方向扫过整个原稿；照射到原稿上的光线经反射后穿过一个很窄的缝隙，形成沿 x 方向的光带，又经过一组反光镜，由光学透镜聚焦并进入分光镜，经过棱镜和红绿蓝三色滤镜得到 RGB 三基色光带分别照射到各自 CCD 上（3CCD 式），或聚焦后经过拜尔滤光镜投射至 CCD 上（单 CCD 式），转成的电信号经 A/D 变换成数字信号，如图 7-12 所示。

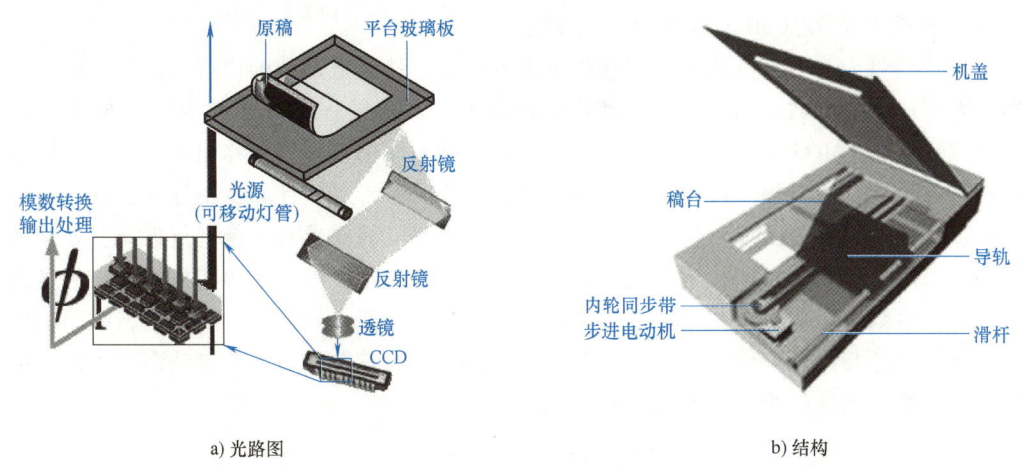

图 7-12　扫描仪工作原理及结构

7.3.2　数码摄像机

由于人眼的视觉暂留原理，只要拍摄速度超过 24 幅/s，再按同样的速度播放这些图片，可以重现变化的外界景物。图 7-13 为数码摄像机原理图，外界景物通过镜头照射到 CCD 彩色图像传感器上，CCD 彩色图像传感器在扫描电路的控制下，可将变化的外界景物以 25 帧/s 的速度转换为串行模拟脉冲信号输出。该串行模拟脉冲信号经 A/D 转换器转换为数字信号，由专门的芯片进行处理和过滤后得到的信息还原出来就是我们看到的动态画面了。由于信号量很大，所以还要进行信号数据压缩。压缩后的信号数据可存储在存储卡上，也可以存储在专用的数码录像磁带上。

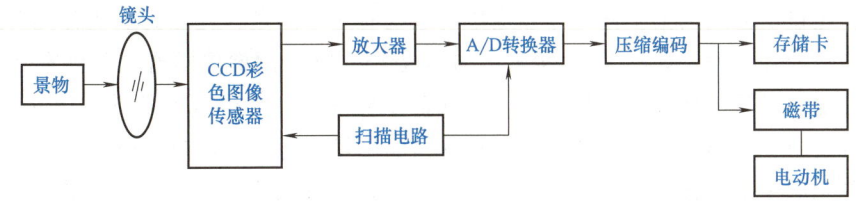

图 7-13　数码摄像机工作原理

7.3.3 数码相机

CMOS 数码相机与传统胶卷式照相机在结构上的基本原理是一样的，都是将摄像镜头的光记录在某一媒介上。但是二者在媒介上有本质的不同。曝光到记录媒介部分则是数码相机所特有的。传统胶卷式照相机的原理是利用胶片使光在感光剂上感光，发生化学变化；数码相机却是利用了 CMOS 或是 CCD 图像传感器，使光信号转变成电信号，记录在存储器上（图 7-14）。

图 7-15 所示为基于 CMOS 图像传感器的数码相机工作原理图。当数码相机在拍摄照片或视频时，取到的景物的光线会进入镜头，入射光会通过镜头聚焦在 CMOS 像素单元阵列上，

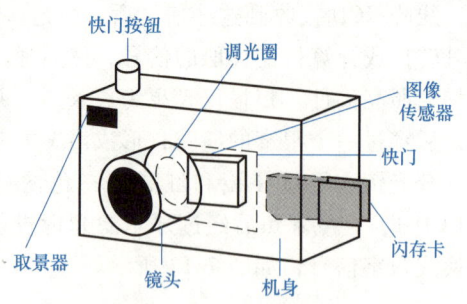

图 7-14 数码相机结构示意图

像素单元阵列将光信号转变成一一对应的模拟电信号，然后把得到的模拟电信号经过数模转换器后转变成二进制数字信号，最后使用数码像机中固化的程序（压缩算法）按照指定的文件格式转移到 CMOS 的移位寄存器中，在转移脉冲的作用下顺序地移出器件，再将图像以二进制数的形式存入存储介质中。通过接口可把这些图像传送到计算机中存入文件，通过相关软件就可在电脑屏幕上显示出照片，并且可以根据实际的要求对图像进行近一步处理和优化，还可以用彩色喷墨打印机或激光打印机将照片放大打印出来。数码相机的输出信号也可以直接传送给数字录像机存入录像带或传送给光盘刻录机存入光盘。一般来说，数码相机的成像质量的好坏与图像传感器感光阵列上光电传感元件的总数有关。像素越多的相机，那么分辨率就越高，图像的清晰程度就越好。

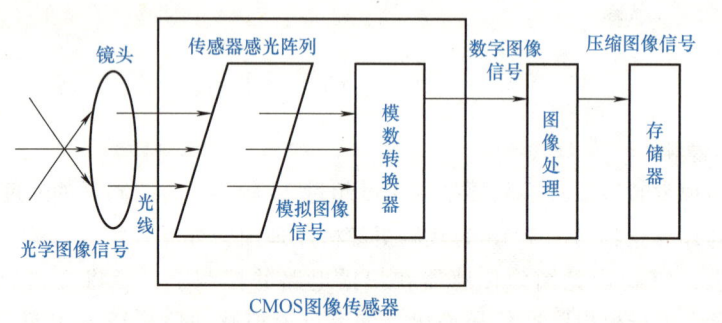

图 7-15 CMOS 数码相机图像工作原理

7.3.4 其他应用

1. 工件尺寸测量

通常快速自动显微测量工件尺寸和定位的系统有一个测量台，在其上装有光学系统、图像传感器和微处理机等。如图 7-16 所示，物体成像在 CCD 图像传感器的光敏阵列上。

视频处理器对输出的视频信号进行存储和数字处理，并将测量的数据加以显示或打印，从而实现对微小工件形状和尺寸的非接触自动精确测量。测量原理是，根据工件成像轮廓覆盖的光敏单元数量来计算工件尺寸数据。例如，在光学系统放大率为 1:M 的装置中，有

$$L = (Nd \pm 2d)M$$

式中　L——工件尺寸；
　　　N——覆盖的光敏单元数；
　　　d——相邻光敏单元中心距离。

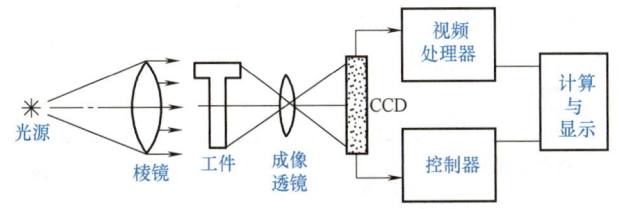

图 7-16　工件尺寸测量系统

被测件往往是不平的，故必须自动调焦，可通过计算机进行控制。它通过分析图像输出的信号使之有最大的边缘对比度。另外，在测量系统中，照明是重要的因素，要求有恒定的亮度。

固体图像传感器检测的优点是无接触、自动化、微小型和高精度，而且可对同一个零件进行多尺寸参数测量（如可测螺栓外螺纹直径、螺距、螺纹深度、侧面角、齿根和齿顶的曲率半径等）。

这种检测还有联机监视功能。在作为零件量规使用时，当零件主要尺寸与图像检测系统中存储好的零件轮廓尺寸相比较有重大偏差时，将产生"失效"信号，允许自动地舍弃超差的零件。

图 7-17 为压铸机器人工作站，包含有压铸机、机器人、夹具、CCD 检测系统、冷却台、输送线、废料收集桶、工作区域围挡、控制柜等。其中，CCD 图像传感器用于检测压铸件尺寸、形状、缺陷等信息，检测结果反馈给机器人，以决定该工件是作为合格品经输送链下线，还是残次品而放入废料收集桶。

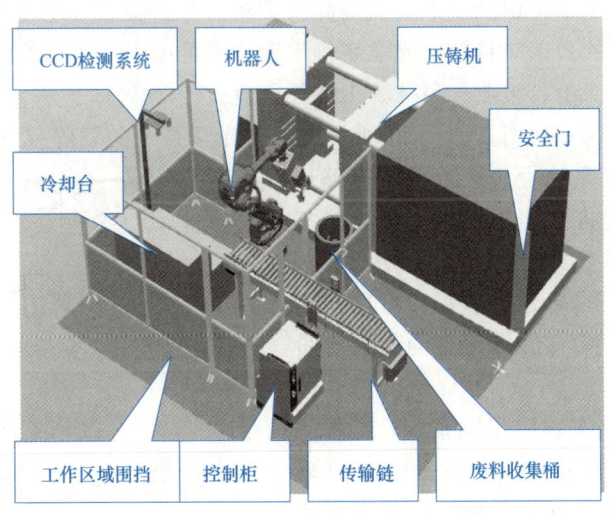

图 7-17　压铸工作站组成

2. 物体缺陷检查

图 7-18 为出钞票检查系统的原理图。两列被测物分别通过两个图像传感的视场成像，

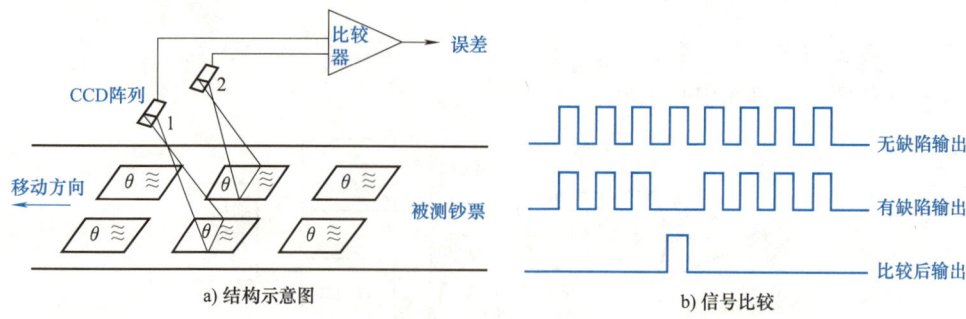

图 7-18　钞票检查系统原理图

从而输出两列视频信号,把这两列视频信号送到比较器进行处理。如果其中一张有缺陷,则两列视频信号将有显著不同的特征,经过比较器就会发现这一特征而证实缺陷的存在。

3. 安全监测

用二维阵列制作的照相机可用来监测关键部位(例如门)。现场由可见光或红外光照明,辅助电路可用来计算被遮住的光敏元数目,从视频信包中能够获得通过视场的闯入者的性质(即能分辨出鸟、猫或人)。对图像来说,当计数足够辨认为闯入者时,警报系统就被触发,如图 7-19 所示。

4. 光学字符识别

光学字符识别 OCR(Optical Character Recognition)是指利用电子设备(例如扫描仪、数码相机或数码摄像机)获取的图像,通过检测暗、亮的模式确定其形状,然后用相应的识别算法将形状翻译成计算机文字的过程。光学字符识别技术大大提高人们资料存储、检索、加工的效率。目前,光学字符识别技术可用于工业标签的识别、交通车辆牌照识别,以及金融、保险、报业、税务、工商等行业。

图 7-19　防盗监测

光学字符识别系统示意图如图 7-20 所示。带有光学系统的线阵或面阵图像传感器,垂直扫过字符,产生视频信号,送入逻辑电路以识别输出数据。随后将其编成适合于计算机接口的代码,输入到计算机上去。这样设计的装置可以获得 3000B/s 的高分辨速率,可以用于标准信件识别分选、贴有价格标签的商品计价及文字阅读机。

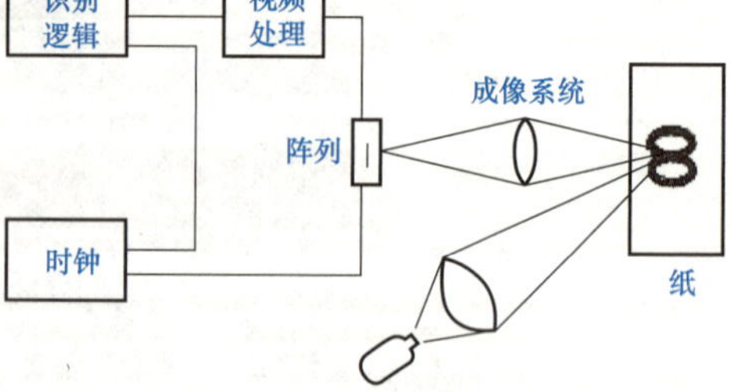

图 7-21 所示为汽车牌照识别系统,摄像头用于获取图像信息并转换成电信号,经 A/D 转换、软件图像处理及识别后获取牌照号码、牌照颜色及出现的时间、地点等信息。

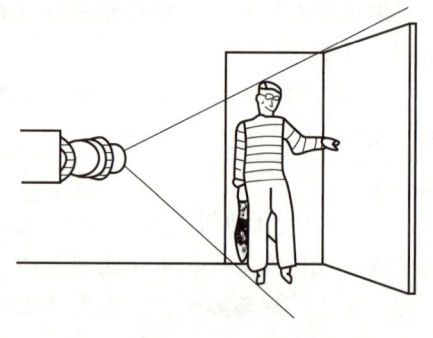

图 7-20　光学字符识别系统示意图

5. 焊锡机器人视觉系统

焊锡机器人系统主要由工业机器人、焊锡系统(自动送锡机构、温度控制系统、发

第 7 章 图像传感器

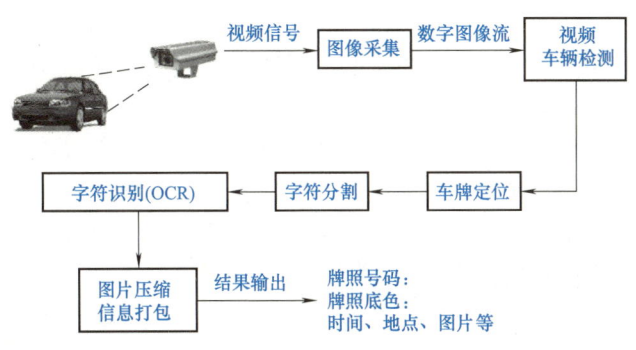

图 7-21 汽车牌照识别系统原理图

热体、烙铁头)、焊接工作台、视觉系统及电气控制系统等组成,如图 7-22、图 7-23 所示。

一般情况下,通过人工将散热片、IGBT、PCB 固定到变频器基板的过程存在不确定性因素,将会造成 IGBT 的待焊接管脚的空间位置不固定。如果没有视觉系统的辅助,机器人很难得到正确路径。为保证焊接质量,须配置视觉系统。

视觉控制系统包含两部分:图像处理单元和控制执行单元。图像处理单元主要是利用工业摄像机来完成对图像的采集,经过相应的处理后送入到处理单元模块并对图像完成处理,最后得出处理信息,这些信息一般

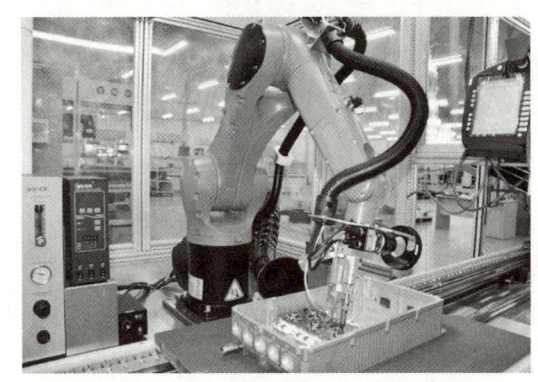

图 7-22 工业机器人焊锡系统

包括图像上目标的类别、位置以及工件本身的相关信息,这些信息为后续的控制执行单元提供参考信息。控制执行单元通过控制伺服电动机对各个关节进行驱动,以到达指定位置,完成分拣动作,如图 7-24 所示。

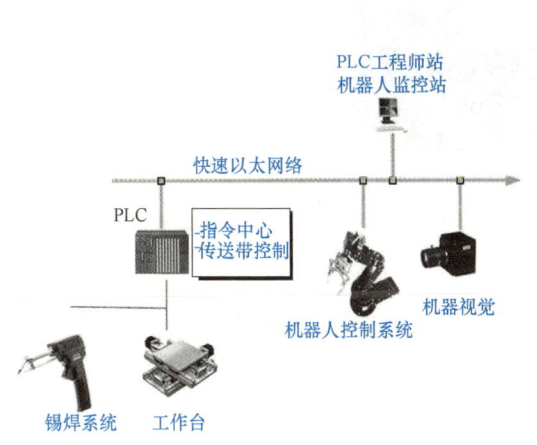

图 7-23 工业机器人焊锡系统组成图

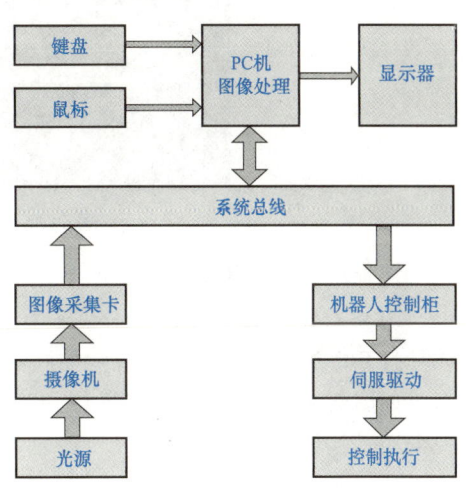

图 7-24 机器人视觉控制系统原理图

7.4　实训课题　机器人智能视觉

机器人智能视觉系统是由视觉控制器（图 7-25）、CCD 图像传感器（图 7-26）及监视显示器等组成。CCD 图像传感器用于识别工件的特性，如数字、颜色、形状、姿态方位等，提供机器人所需的装配信息，比如让机器人按工件序号、颜色将工件放置到相应工/库位，对工件放置的姿态方位进行调整等。

图 7-25　视觉控制器

图 7-26　CCD 图像传感器

图 7-27 为 ABB 机器人智能视觉系统，下面以此为平台介绍图像传感器对工件进行颜色识别的操作。在操作之前必须确认设备连接正常：即确保视觉相机与视觉控制器相连接，视觉控制器与 PLC 相连接，相互之间可以正常通信。

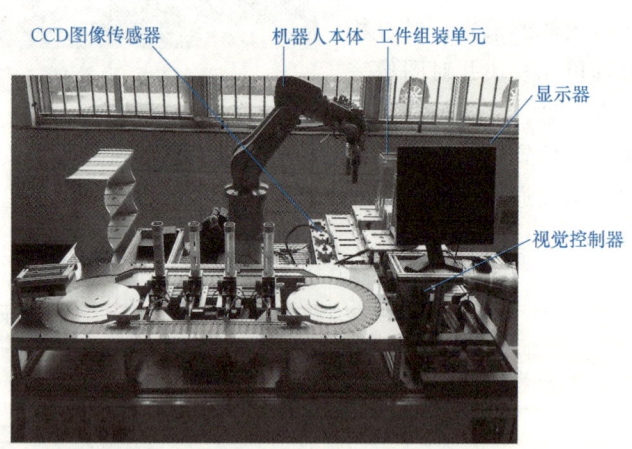

图 7-27　ABB 机器人智能视觉系统

视觉识别的具体操作步骤如下：
（1）新建场景

打开电源，启动欧姆龙视觉控制器，系统启动后自动运行智能视觉软件并进入软件主画面，如图 7-28 所示。单击"场景切换"，在对话框中选择一个场景，然后确定，即新建了一个场景，如图 7-29 所示。

（2）流程编辑

在主界面单击"流程编辑"，进入流程编辑界面。在流程编辑界面的右侧，从处理项目

第 7 章 图像传感器

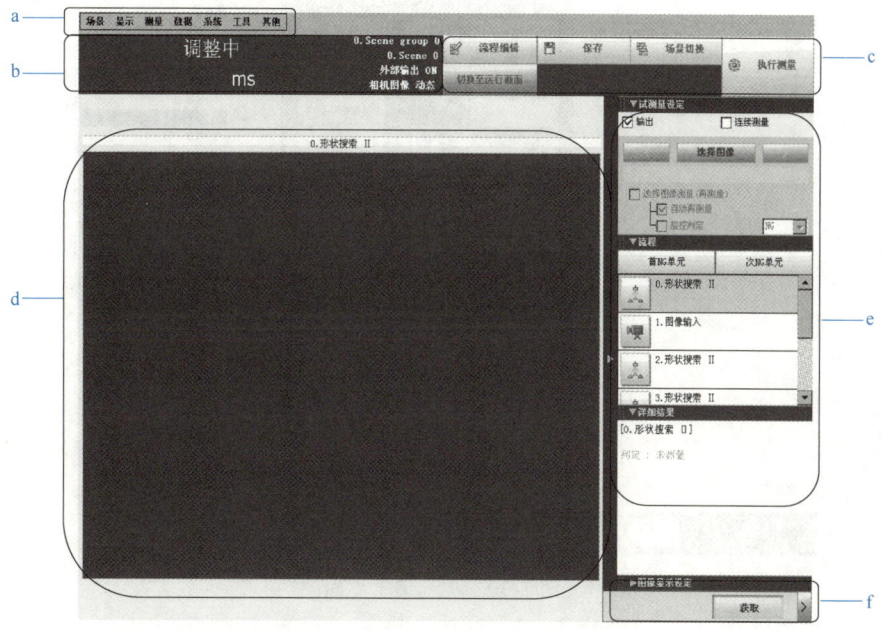

图 7-28 主画面

a—菜单栏　b—测量信息显示区域　c—工具栏　d—图像显示区域　e—控制区域　f—测量管理栏

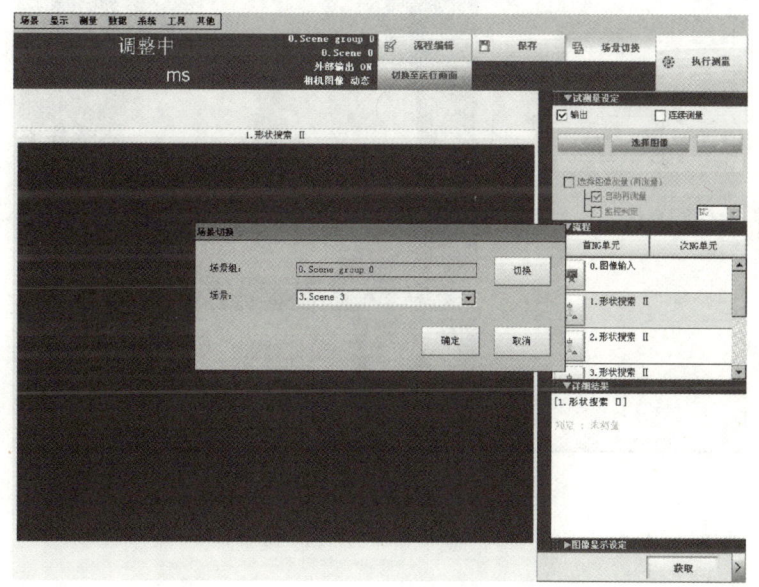

图 7-29 场景切换

树中选择要添加的处理项目。选中要处理的项目后，单击"追加（最下部分）"，将处理项目添加到单元列表中，此子任务添加为"分类"，如图 7-30 所示。也可以添加例如"扫描边缘位置""串行数据输出""图形角度获取"等。

（3）输入图像

单击"图像输入"，进入图像输入界面，设置参数，如图 7-31 所示。镜头对准工件后，

传感器与检测技术

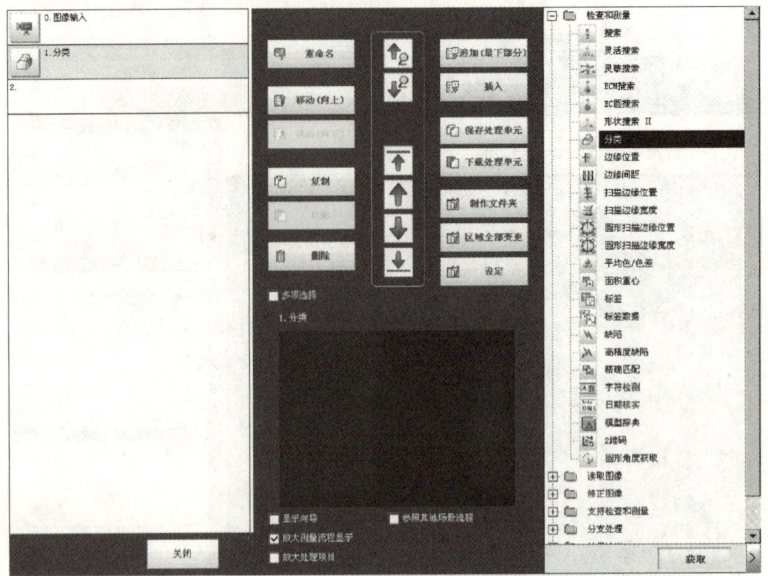

图 7-30　流程编辑界面

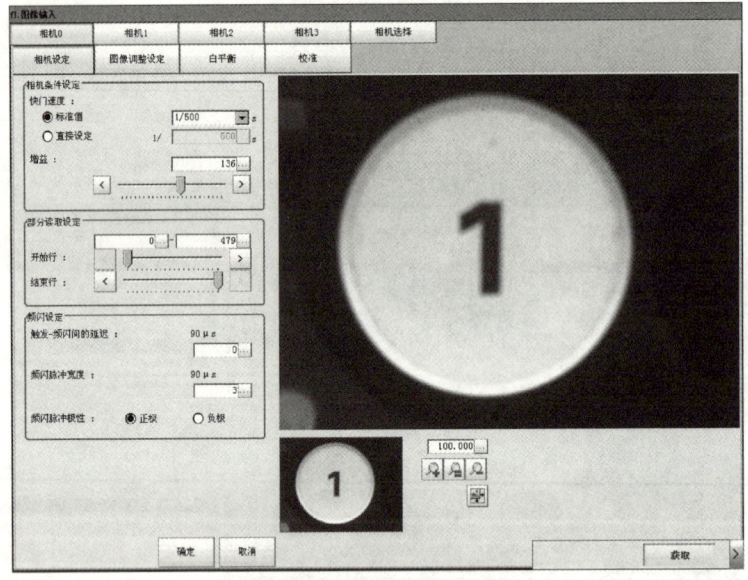

图 7-31　图像输入

单击"确定",则图像获取完毕。

(4) 模型登录

单击"分类"图标,进入设置界面。在分类界面先设置"模型参数",在初始状态下设定,选择"旋转",还要设定旋转范围、跳跃角度、稳定度和精度等。具体设置如图 7-32 所示。

分类界面右边为分类坐标分布,分类坐标共有 36 行(标有数字部分,为索引号),编号分别为 0~35 行,每行共有 5 列(未标数字部分,为模型编号),编号分别为 0~4。我们任意单击一个坐标位置,单击"登录模型",进入模型登录界面(图 7-33),单击左边图形

第 7 章　图像传感器

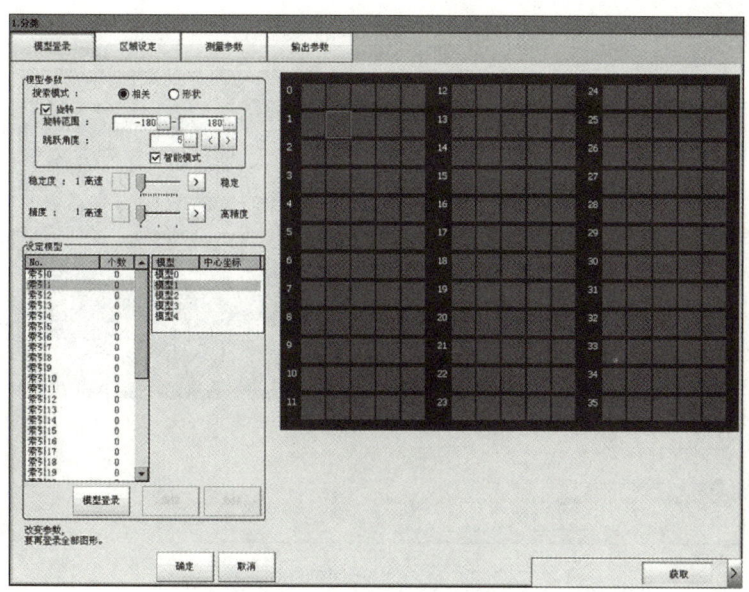

图 7-32　模型登录参数设置

图标"○"，在右边显示界面会出现一个圆圈，移动圆圈把数字圈在中间，设置测量区域，单击"确定"可以回到分类界面。这样就录好了一个黄色的 1 号工件，如图 7-34 所示。

图 7-33　模型登录界面

通过上述方法，可将印有不同颜色的工件依次录入，建立颜色识别模型库。

(5) 图像测量

回到主界面，取已建立模型库的任一颜色的工件，镜头对准工件，单击"执行测量"，此时会在右下角对话框显示测量信息，即显示颜色识别的结果。

读者可参照上述操作方法完成工件编号识别及摆放角度测量。

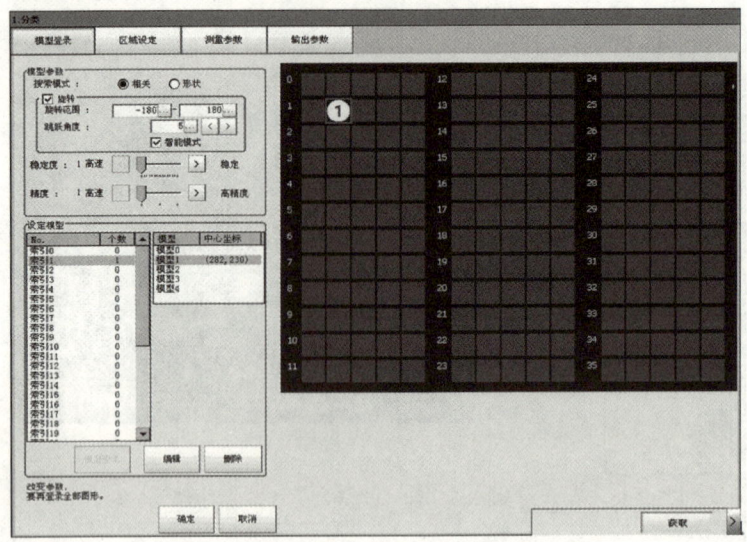

图 7-34　完成一个模型的录入

本 章 小 结

本章主要介绍了 CCD 和 CMOS 固态图像传感器的基本知识，包括传感器的制作工艺，敏感单元构成，传感器的组成结构、信号获取及传输等基本工作原理。介绍了 CMOS 和 CCD 这两种图像传感器的的主要性能，优、缺点和应用领域。并就基于图像传感器的典型产品和应用案例进行了详细阐述，以工业机器人智能视觉为例阐述了图像传感器颜色识别操作过程。

思 考 题

1. 简述图像检测系统的组成部分。
2. 常用的图像传感器有哪些？
3. 简述 CCD 图像传感器的工作原理。
4. 什么是像素或像元？
5. CCD 图像传感器有哪些形式？各适用于何种场合？
6. 选择 CCD 图像传感器应考虑哪些性能指标？
7. 简述 CMOS 图像传感器的工作原理。
8. 比较 CCD 和 CMOS 图像传感器的优缺点，及各自应用场合。
9. 什么是无源像素 CMOS 图像传感器？什么是有源像素 CMOS 图像传感器？
10. 举例说明图像传感器的应用。

第8章 抗干扰技术

机器人系统由动力功能、信息功能和控制功能、机械装置与电子设备构成，由于系统通过周围电网、空间、环境发生联系而受到干扰，这些干扰来自干扰源、耦合通道和对干扰信号敏感的接收电路。干扰会使计算机系统产生程序"跑飞"，传感器模块将会输出伪信号，功率驱动部件将会输出畸变的驱动信号，使执行机构动作失常，最终导致系统产生故障，甚至瘫痪，因此在机器人的设计、制造、安装和使用中都必须充分注意抗干扰问题。

本章主要对干扰的产生的原因、种类、形式及传递途径加以讨论，从而采取有效的措施消除干扰。

8.1 干扰的产生及分类

在测量过程中，往往会发现总是有一些无用的背景信号与被测信号叠加在一起，称为噪声或骚扰。如果噪声或骚扰引起设备或系统的性能下降时，习惯上称之为干扰。

8.1.1 形成干扰的三个要素

1. 干扰源

产生干扰的设备称为干扰源。如变压器、继电器、微波设备、电机、手机、高压电线等都可能产生空中电磁信号。噪声干扰来自噪声干扰源，只有仔细分析其形式及种类，才能提出有效的抗干扰措施。

2. 传播途径

传播途径是指干扰的传播路径。干扰的种类虽然是多种多样的，但是这些干扰必须通过一定的途径侵入检测装置才会对测量结果造成影响，如通过漏电阻、分布电容、分布电感等引入的干扰。切断这些传播途径，才可以有效地消除干扰。

3. 接收载体

接收载体是指受影响的设备的某个环节，该环节吸收了干扰信号，并转换为对系统造成影响的参数。一个设计良好的检测装置应该具备对有用信号敏感，对干扰信号不敏感的特性。

8.1.2 干扰的分类及其防护

根据常见的噪声干扰源，检测系统中的干扰可以分成以下几种类型。

1. 机械干扰

机械干扰是指机械振动或冲击使电子检测装置中的元件发生振动，改变了系统的电气参数，造成可逆或不可逆的影响。例如：将检测仪表直接固定在剧烈振动的机器上或安装于汽车上时,振动可能引起焊点脱焊、电缆接插件滑脱、螺钉松动等。

对机械干扰主要是用减振弹簧和减振橡胶来防护,如图 8-1 所示。

a) 橡胶垫脚　　　　　　　　　b) 减振弹簧

图 8-1　常用减振材料

2. 湿度及化学干扰

化学物品如酸、碱、盐及其他腐蚀性气体、液体侵入检测装置内部,造成电器元件腐蚀,产生电化学噪声。环境湿度增大会使绝缘体的绝缘电阻下降,造成漏电、击穿和短路现象。

在工业中,检测装置必须采取密封、浸漆、环氧树脂或硅橡胶封灌等措施来防护。例如:在洗衣机中,常常将整个印制电路板用防水硅胶密封。如图 8-2 所示。

3. 热干扰

热量,特别是温度对检测装置的干扰主要分为两种情况:

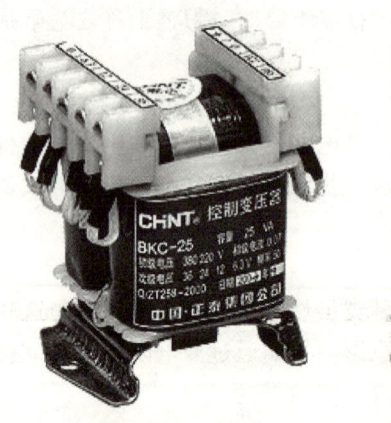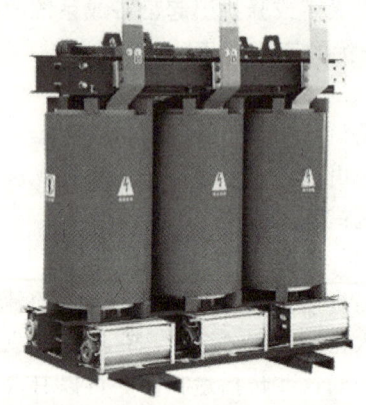

a) 用绝缘漆浸过的控制变压器　　　　b) 用环氧树脂密封的干式变压器

图 8-2　常用防潮措施

1) 各种电器元件均有一定的温度系数,温度升高,电路的参数会随之改变,从而带来测量误差。

2) 接触电势的影响。电器元件多由不同金属构成,当它们相互连接组成闭合回路时,如果各点温度不均匀就不可避免的会产生接触电势,它叠加在有用信号上引起测量误差。

对于热干扰,除了选用温度系数小的电器元件、在电路中采用适当的温度补偿措施外,还要注意降低仪器的环境温度,加强仪器内部散热,仪器的输入级尽量远离发热元件。对于高精度的计量工作，例如消防机器人，需要将检测装置置于恒温环境内。图 8-3 所示为采用散热片和电风扇共同散热的电路板。

4. 固有噪声干扰

在电路中，电器元件本身产生的具有随机性、宽频带的噪声称为固有噪声。最主要的固有噪声源是电阻热噪声、半导体噪声和接触噪声。例如，电视机未接收到信号时表现出的雪花点就是由固有噪声引起的。

为了减小电阻热噪声，应尽量选用低阻值的电阻和低噪声的半导体元件，减小工作电流，降低前置级的温度。

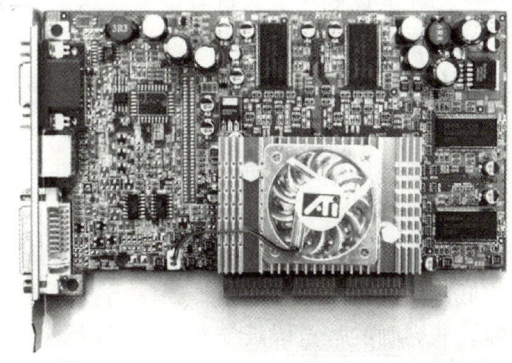

图 8-3　用散热片加电风扇散热的电路板

5. 电磁噪声干扰

在交通、工业生产中有大量的用电设备产生火花放电，放电过程中，会向周围辐射出大功率的电磁波。在机器人中，电磁噪声干扰是主要的干扰源，无线电台、雷电等也会发射出功率强大的电磁波。这些电磁波可以通过电网，或者以辐射的形式传播到离这些噪声源很远的检测装置中。要消除电磁噪声的干扰是较为困难的，我们将在下面的章节中专题讨论。

8.2　干扰的抑制措施

8.2.1　常用的抗干扰方法

由于干扰的形成必须同时具备三要素，所以，消除或减弱噪声干扰的方法可针对这三要素，采取三方面的措施：

消除或抑制干扰源——积极的措施是消除干扰源，例如使产生干扰的电气设备远离检测装置；将整流子电动机换成无刷电动机；在继电器、接触器等设备上增加消弧措施等。

破坏干扰途径——干扰途径可以分为以"路"的形式传播的干扰和以"场"的形式传播的干扰。对于以"路"的形式传播的干扰，可以采取提高绝缘性能等措施；对于以"场"的形式传播的干扰，可以通过屏蔽措施来减小或消除。

消弱接收电路对干扰的敏感性——采用低输入阻抗电路或数字电路可以提高电路的抗干扰能力。

现介绍几种常用的抗干扰措施。

1. 屏蔽技术

可以阻断电场或磁场耦合干扰的办法称为屏蔽，包括静电屏蔽、电磁屏蔽、低频磁屏蔽等。

（1）静电屏蔽

用铜或铝等导电性良好的金属为材料制作成封装的金属容器，把需要屏蔽的电路置于其中，使外部干扰电场的电力场不影响其内部电路。反之，如果将金属容器的外壳接地，内部电路也无法影响外电路。图 8-4 所示分别为不加屏蔽罩和加了屏蔽罩的中频线圈。

（2）电磁屏蔽

采用导电良好的金属材料做屏蔽罩，利用电涡流原理，使高频干扰磁场在屏蔽金属内产生电涡流，从而消耗干扰磁场的能量，并利用该磁场抵消高频干扰磁场从而使电磁屏蔽层内部的电路免受高频电磁场的影响。若将屏蔽层接地，则同时兼有静电屏蔽作用。通常使用的铜质网状屏蔽电缆可以同时起电磁屏蔽和静电屏蔽的作用。

（3）低频磁屏蔽

低频磁屏蔽是一种隔离低频磁场和固定磁场耦合干扰的有效措施。非导磁的静电屏蔽线和静电屏蔽盒对低频磁场不起隔离作用，这时，必须采用高导磁材料作屏蔽层，以便让低频干扰磁力线从磁阻很小的磁屏蔽层上通过，使低频磁屏蔽层内部的电路免受低频磁场耦合干扰的影响。在工业中常用的办法是将屏蔽线穿在铁质蛇皮管或普通铁管内，达到双重屏蔽的目的。

图 8-4　不加屏蔽罩和加了屏蔽罩的中频线圈

2. 接地技术

接地起源于强电技术，它的本意是接大地，主要着眼于安全。这种地线也称为"保安地线"。对于仪器、通信、计算机等电子设备来说，"地线"多指电信号的基准电位，也称为"公共参考端"。它是各级电路的电流通道，还是保证电路稳定工作、抑制干扰的重要环节，因此通常将仪器设备中的公共参考端称为"信号地线"。信号地线又可分为以下几种：

（1）模拟信号地线

它是模拟信号的零信号电位公共线。因为模拟信号有时较弱，易受干扰，所以对模拟信号地线的横截面积应尽量大些。

（2）数字信号地线

它是数字信号的零电平公共线。由于数字信号处于脉冲工作状态，动态脉冲电流在接地阻抗上产生的压降往往成为微弱模拟信号的干扰源，为了避免数字信号对模拟信号的干扰，两者的地线应分别走线，并在某一合适的地点汇集在一起。

（3）信号源地线

传感器可以看作是测量装置的信号源，通常传感器安装在生产设备现场，而测量装置设在离现场一定距离的控制室内。从测量装置的角度看，可以认为传感器的地线就是信号源地线。

（4）负载地线

负载的电流一般都较前级信号电流大的多，负载地线上的电流有可能干扰前级微弱的信号，因此负载地线必须与其他地线分开。有时两者在电气上甚至可以是绝缘的，信号通过耦合电路来传输。

3. 滤波技术

滤波器是抑制交流串模干扰的有效手段之一，常用的滤波器有高通、低通、带通、带阻等几种，其中多使用低通滤波器抑制交流电信号干扰。

（1）低通滤波器

它是只允许直流或缓慢变化的极低频率的信号通过，而不让较高频率的信号通过的电路。包括电源线滤波器和信号线滤波器。低通滤波多采用电阻串联、电容并联的方式，但也可以将电感与电阻串联，则对高频干扰的滤波效果更好。

第 8 章 抗干扰技术

（2）交流电源滤波器

电源网络会吸收各种高、低频噪声，因此经常使用 LC 交流电源滤波器来抑制混入电源的噪声，其电路如图 8-5 所示。

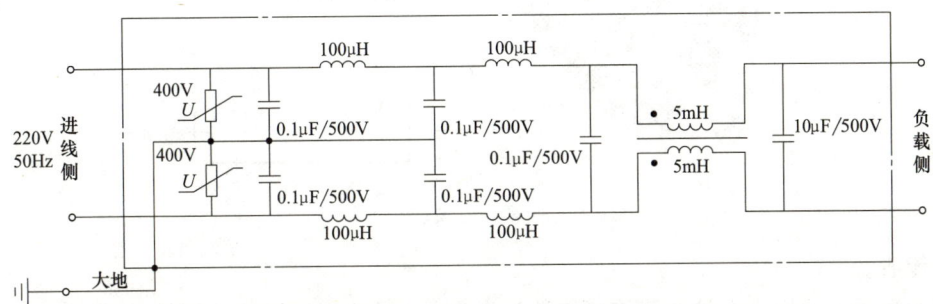

图 8-5　交流电源滤波器电路

购买开关电源、UPS、变频器或各种电子调压器时，也必须查询该电源设计时是否串接合格的 LC 滤波器，是否符合国家规定的电磁标准，否则这些电子产品均可能成为对其他电气设备威胁很大的干扰源。

（3）直流电源滤波器

直流电源往往为几个电路所共用，为了避免电源内阻造成的几个电路间相互干扰，在每个电路的直流电源上加 RC 退耦滤波电路或 LC 退耦滤波电路，其电路如图 8-6 所示。

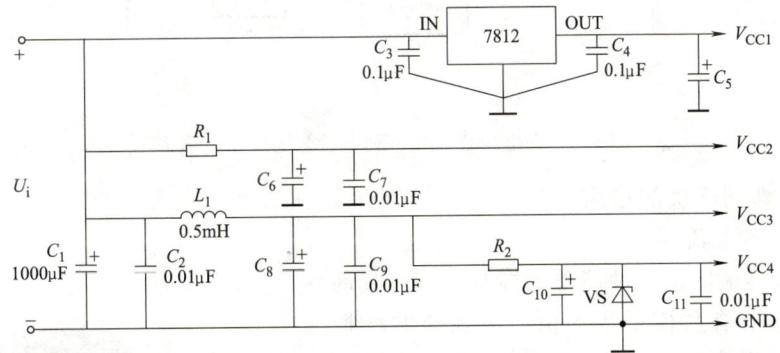

图 8-6　直流电源退耦滤波器电路

4. 光电耦合技术

光电耦合器（图 8-7），是用于隔离干扰、传输有用信号的半导体器件。带有光耦的电路简称为光电耦合电路或光隔电路。

光耦合器是一种电-光-电耦合，它的输入量是电流，输出量也是电流，可是两者之间从电气上看却是绝缘的。当有电流流入发光二极管时，它即发射红外光，光敏元件被此光照射后产生相应的光电流，这样就实现了以光为媒介的电信号的传输。

光电耦合器有如下特点：

1）输入、输出回路绝缘电阻高、耐压超过 1kV；

2）因为光的传输是单向的，所以输出信号不会反馈影响输入端；

3）输入、输出回路完全是隔离的，能很好地解决不同电位、不同逻辑电路之间的隔离

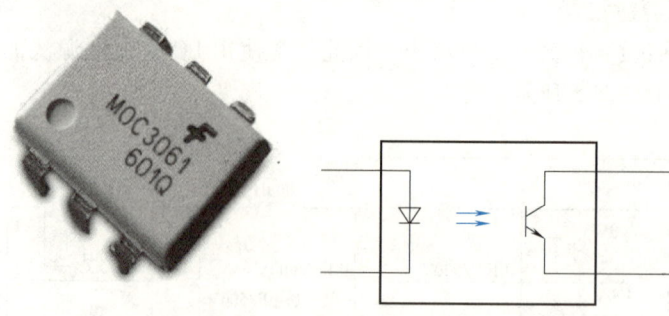

图 8-7　光耦合器及其图形符号

和传输矛盾。

图 8-8 所示为用光电耦合器传递信号并将输入、输出回路隔离的例子。

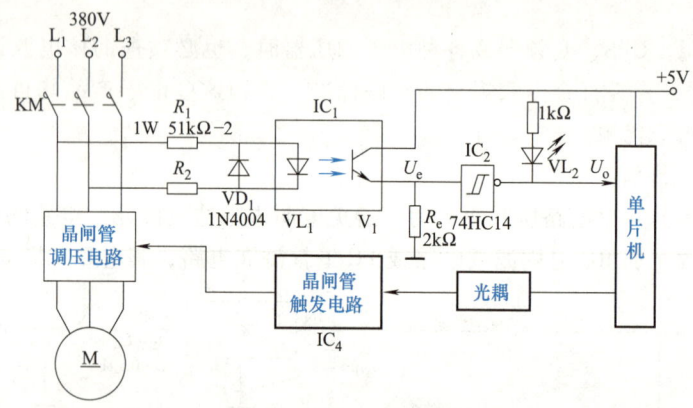

图 8-8　光电耦合器用于强电信号的检测、隔离

8.2.2　其他抑制干扰的措施

1. 加装共模扼流圈

加装共模扼流圈是一种简单的抑制共模干扰的办法。给怀疑感应有共模干扰的信号线加装共模扼流圈。它的绕法是使两根导线上的差模电流在磁芯内产生的磁场大小相等、方向相反，从而相互抵消，如图 8-9 所示。

2. 隔离变压器

变压器在电路中一般可以起到隔离电路间的直接耦合作用。但应注意变压器线圈一次侧和二次侧之间存在的寄生电容，应在一次侧和二次侧间加屏蔽层。

3. 阻抗匹配

在电路中，使负载阻抗等于信号线的波阻抗称为阻抗匹配。比较常用的阻抗匹配的方法有：

1）直接串联电阻匹配法；

2）并接电阻匹配法；

图 8-9　采用共模扼流圈抑制共模干扰

第 8 章 抗干扰技术

3）上拉、下拉电阻匹配法；
4）二极管端接法。

8.3 机器人系统的抗干扰技术

消防机器人主要应用于火灾发生现场、易燃易爆品仓储中心以及地下室等含有火灾隐患的危险场所，进行灭火救灾与探测工作。消防机器人由上位机（工控机）、下位机（PLC）组成。上位机系统安装在火灾以外的区域，负责人-机接口界面操作和监控工作。下位机系统安置在机器人本体上，负责机器人-环境接口以及灭火工作，系统要求具有很高的可行性。因而，抗干扰对消防机器人是至关重要的。下面以消防机器人为例，分析机器人系统主要干扰源和常用的抗干扰技术。

8.3.1 机器人系统主要干扰源

消防机器人系统由动力功能、信息功能和控制功能、机器装置与电子设备构成。由于系统通过周围电网、空间、环境发生联系而受到干扰，这些干扰来自干扰源、耦合通道和对干扰信号敏感的电路。

1. 电源干扰

电源干扰主要分为交流与直流两种。交流干扰是指外部产生的并经过交流反馈电线传送的两种电源干扰：即装置的交流电源进线作为介质传播的是电网中的高频干扰信号；引线所载的 50Hz 工频电压在一定条件下将成为电路的低频干扰信号。

直流干扰一般是由直流电源本身以及负载的变化等方面所引起的。

因此，在抗干扰技术中，应重点考虑电源干扰。

2. 长线干扰

由于消防机器人上下位机之间的信息传输经常会通过一个较长的电缆传输，过程通道干扰主要来源于长线传输。当系统中有电气设备漏电、接地系统不完善或传感器测量部件绝缘不好等情况时，都会在通道中直接串入很高的共模电压或差模电压。各通道的传输线在同一根电缆中，各路间会通过分布电感或分布电容产生相互的干扰，尤其是将 0～24V 的信号线与交流 380V、220V 的电源线同处于一根管道内，其干扰会变得相当严重。

3. 强电场干扰

系统周围的空间总存在着磁场、电磁场、静电场等辐射电磁波，这些场干扰会通过电源或传输线影响各功能模块的正常工作，使其中的电平发生变化或产生脉冲干扰信号。

例如：消防机器人上下位机之间信息仅依靠一根 150m 的专用屏蔽电缆线连接（内含一根三相交流电输送电缆、一根通信电缆、一根视频电缆线）。经过一个层层盘紧线的电缆盘，其中的三相交流电更易对通信及视频信号线产生强电场干扰。其强电声干扰耦合如图 8-10 所示。

图中 1 号线发射出的强电场对视频及通信产生较强的干扰，由于屏蔽层由编织网组成，并不能对通信线实现完全的屏蔽。

4. 多信号串扰

消防机器人下位机除了灭火以外，还有 16 路专用传感器对火灾现场环境的温度、热辐射强度、可燃气体浓度等信号进行探测，这些多路信号通常要通过多路开关和采集保持器进

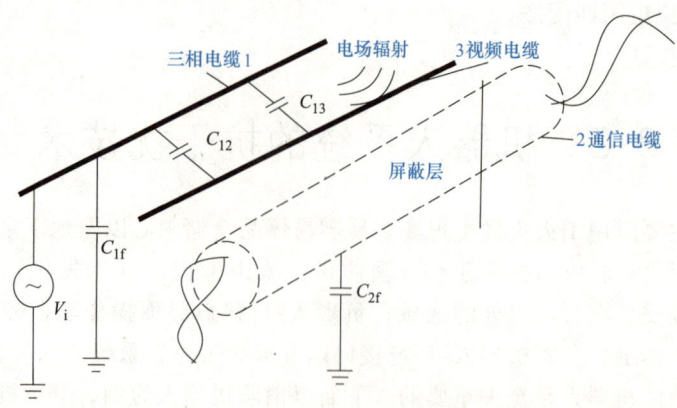

图 8-10 强电场干扰耦合

行数据采集后送入计算机，幅值较大的干扰信号也会使邻近通道之间产生信号串扰，使传输信号产生失真。

5. 变频器干扰

消防机器人下位车体中采用的是松下 DV707H3700 交流变频器，每当车体行走即变频器工作时，由三相电发射的强电磁场引起变频器产生电磁场干扰，通过视频、通信电缆传输到上位机，磁场干扰就会随着变频器工作速度变化而实时显示在屏幕上，以至后方上位机监控显示车体行走图像严重失真而模糊不清，操作人员无法判断火灾现场状况，从而无法确定机器人下一步行走方向。

8.3.2 机器人系统几种抗干扰措施

针对消防机器人控制系统中常见的干扰，除了基本的抗干扰措施之外，在消防机器人中还可以采用如下的措施：

（1）交流稳压电源

为避免消防救灾现场电网电压波动，引起消防机器人电器设备工作电源不稳定而影响整个消防救灾工作，我们在上位机电源部分配备交流稳压电源，选用铁磁谐振方式交流稳压电源，一、二次侧隔离，可行性高。可以把电网电压波动在 ±10% ~ ±15% 的范围稳定到 ±1 ~ ±2% 以内，同时该稳压器具有较强的抗电网干扰能力。由于电网滤波器对于抑制来自电网的各种干扰起关键性的作用并具有良好的效果，因此，在电源变压器的交流侧加电网滤波器以滤除来自电网的串模干扰和共模干扰。

（2）采用隔离变压器

在上位机工作电源前加一个 1000VA 的隔离变压器。隔离变压器供电是传统的抗干扰措施，对电网尖脉冲干扰有很好的效果。其抗干扰的原理：一次侧对高频干扰呈现很高的阻抗，而位于一、二次绕组之间的金属屏蔽层又阻碍了一、二次侧所产生的分布电容，因此一次绕组只有对屏蔽层分布电容的存在，高频干扰通过这个分布电容而被旁路入地。

（3）开关电源

由于开关电源是把 220V 交流电直接整流滤波后，再采用 20kHz 频率的脉冲宽度调制电路变换为交流，通过高频变压器隔离变换，再整流变为计算机所需要的多种直流电压输出。它具有体积小、效率高，电网电压宽范围变化时，输出不易过电压或欠电压的优点。在消防机器人上、下位机上共安装了 3 台开关电源，每台均采用多组输出电源，以供上、下位机各控制电路板、PLC、继电器、报警器和传感器等器件所需电源。

（4）电源滤波器

电源滤波器的主要功能是滤除尖峰干扰。典型的电源滤波器原理图如图 8-11 所示。

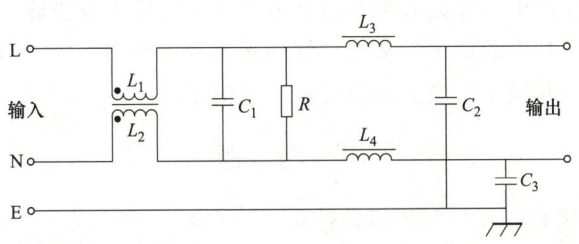

图 8-11　电源滤波器原理图

图中 L_1 和 L_2 用来抑制高频差模电压，L_3 和 L_4 是用等长的导线后向绕在同一磁环上的，50Hz 的工频电流在磁环中产生的磁通互相抵消，磁环不会饱和。两根线中的共模干扰电流在磁环中的磁通是迭加的，共模干扰被 L_3 和 L_4 阻挡。图中 C_1 和 C_2 是用来滤除共模干扰电压，C_3 滤除差模干扰电压。由于电源滤波器体积小、价格低、便于安装，所以可以使用在下位车体电控箱中。例如，在消防机器人下位车体电控箱中 S7-214PLC 的输入电源前加装了 DL-15TH1 型电源滤波器，该滤波器对共模和差模干扰具有高性能。再经过一道电源滤波，确保下位机 PLC 的工作电源更加稳定。

（5）通信电缆双绞线

消防机器人的上、下位机之间的数据传输主要靠一块专用通信转换器（ADM7520），该转换器是将上位工控机输出通信口 RS-232 转换为 RS-485 通信口，通过 150m 左右的电缆盘将信号传输给下位机 PLC，这里转换器的输出可以采用双绞线，可以抵消自身产生的磁场干扰或外部磁场干扰。同时在双绞线外面加上屏蔽层，该屏蔽层上位机一端接地，对磁场干扰具有很大的衰减能力。

（6）光电与继电器隔离

光电耦合器的原边是发光二极管，副边是光敏晶体管，信号是用光传递的，原边与副边之间完全没有电的联系，因此光电耦合器能有效地抑制干扰信号。消防机器人下位机有 16 路传感器均可以采用光电隔离器，将 4~20mA 的电流模拟量信号转换成 0~5V 的电压信号，从而很好地抑制了共模干扰。

（7）接地技术

由于消防机器人开到火灾现场，在火灾前方没有任何电源线及接地线，故可以将下位机的各控制电路并联接地，通过一根电缆线的屏蔽层作为接地总线，经 150m 的电缆盘连到上位机的接地线。并联接地的优点在于接地总线输出数量减少，车体拖载量减少，同时使下位机各电路之间的地电位差减少，从而相互间不会造成耦合干扰。

（8）软件处理

在消防机器人系统中，能够最大程度地减小来自硬件和软件的干扰，不但可以增加机器人工作的稳定性，而且会对系统的扩展带来方便，可以采用设置软件陷阱的方法进行处理。程序指针会在受到干扰的情况下发生错误，这样程序的执行会进入失控状态。程序的指针在

传感器与检测技术

受到干扰会很容易进入死循环,所以有必要在程序的非代码区设置程序进行拦截,引导程序进入正常的初始程度。

本 章 小 结

本章主要介绍干扰产生的原因和种类以及各种常用的抗干扰措施。通过本章的学习,使我们对抗干扰技术有了基本的认识,从而更好地运用到工程实践中。对机器人控制系统中常见的干扰进行了分析,并提出了确实有效的抗干扰措施。

思 考 题

1. 常见的噪声干扰有哪几种?如何防护?
2. 屏蔽有哪几种形式?各有何作用?
3. 接地有哪几种形式?各有何作用?
4. 机器人控制系统常见干扰有哪些?如何抑制?

参 考 文 献

［1］ 蔡自兴. 机器人学基础［M］. 2版. 北京：机械工业出版社，2015.
［2］ 樊尚春. 传感器技术及应用［M］. 2版. 北京：北京航空航天大学出版社，2010.
［3］ 陈东群. 传感器技术及实训［M］. 北京：机械工业出版社，2012.
［4］ 耿淬，刘冉冉. 传感器与检测技术［M］. 北京：北京理工大学出版社，2012.
［5］ 王晓敏，王志敏. 传感器检测技术及应用［M］. 北京：北京大学出版社，2011.